D1678046

Matthias Bartels u.a. (Hgg.)
Elektropolis

edition exemplum

Elektropolis

Ein Strom-Lesebuch

herausgegeben von
Matthias Bartels, Anke Böttcher,
Thomas Eicher, Tobias Moersen
und Anja Sauer

unter Mitarbeit von
Christel Altmeyer und Ute Engelkenmeier

Mit Illustrationen von
Matthias Bartels

ATHENA

Umschlaggestaltung unter Verwendung
einer Collage von Matthias Bartels

Gedruckt mit freundlicher Unterstützung
der VEW ENERGIE AG

Die Deutsche Bibliothek – CIP-Einheitsaufnahme

Elektropolis : ein Strom-Lesebuch / hrsg. von Matthias
Bartels ... Mit Ill. von Matthias Bartels. - 1. Aufl. -
Oberhausen : Athena, 1999
   (Edition Exemplum)
   ISBN 3-932740-52-1

1. Auflage 1999
Copyright © 1999 by Athena Verlag,
Mellinghofer Straße 126, 46047 Oberhausen
Alle Rechte vorbehalten
Druck und Bindung: Difo-Druck, Bamberg
Gedruckt auf alterungsbeständigem Papier (säurefrei)
Printed in Germany
ISBN 3-932740-52-1

Inhalt

GEORG MATTHIAS BOSE

o.T.

Ihr Dichter, deren Geist Apollons Blitz bestrahlt,
Und die Ihr die Natur so schön, so lebhaft mahlt,
Steht keiner von Euch auf, den stoltzen Seltenheiten
Der Electricität ein Denckmal zu bereiten?
Reißt sie denn nicht so wohl Euch Seel, und Geist, und Sinn
Bis zur Verwunderung, ja zu Erstaunen hin,
Als eine Rose thut? und müßt Ihr nicht gestehen,
Sie sey wahrhafftig werth den Alpen fürzugehen?

Indessen biß Ihr Euch an die Arbeit macht,
Und ein Gedicht schreibt, des ungemeine Pracht
Auch dem Lucretio unendlich fürzuziehen,
So duldet wenigstens mein löbliches Bemühen,
Und nehmt, dieweil ich nicht nach Würden singen kan,
Wie Alexander dort die Hand voll Wasser an.
Vielleicht laßt Ihr Euch doch durch diese Schrifft ermuntern,
Und singt im höhern Ton von so besondern Wundern.

Ein fiktives Gespräch

»Vor einigen Tagen wurden wir, in einem der mit elektrischem Glühlicht beleuchteten Theater, zufällig Zeuge einer Unterhaltung zwischen einer eleganten Dame und zwei wohlgesetzten Herren in der Reihe hinter uns.

›Seht nur‹, sagte die Dame, ›die Gasflammen stehen auf dem Kopf!‹

›Du irrst dich, meine Liebe‹, sagte der Ehemann, ›das sind elektrische Lampen!‹

›Jawohl‹, erklärte der Dritte, ›Edison-Lampen.‹

›Das ist hübsch‹, sagte die Dame, ›aber wenn man eine dieser Lampen zerbrechen würde, würden sie dann noch leuchten?‹

›Ich glaube nicht‹, erwiderte der Ehemann, ›denn sie hätten dann ja keine Elektrizität mehr.‹

›Aha, die Elektrizität befindet sich also im Lüster?‹

›Gewiß.‹

›Nein‹, sagte der zweite Herr, ›die Elektrizität befindet sich im Keller oder hinter den Kulissen, und durch die Drähte gelangt sie in die Lampen.‹

›Aber sagen Sie‹, rief die neugierige Dame aus, ›wenn man einen Draht zerbräche, würde dann die Elektrizität in den Saal ausströmen? Wäre das nicht gefährlich für die Zuschauer?‹

›Meine liebe Freundin‹, schloß der Ehemann die Unterhaltung, als die Vorstellung begann, ›man kann die Elektrizität ohne die geringste Gefahr einatmen. Außerdem würde sie gleich nach oben unter die Decke steigen, und wir hätten nichts zu befürchten.‹«

ANONYM

Elli, das Kunstwerk
oder
Die Rücksicht

Um 1903 von einem Biergartensänger in Blankenese vorgetragen

In St. Pauli wird jetzt
Elektrisch tätowiert,
Das hat schon viele Leute
Zum Tätowieren verführt.

»Schmerz macht es überhaupt nicht!«
Wirbt Tätowierer Braas,
»Elektrisch tätowiert werdn
Ist wirklich jetzt ein Spaß!«

Die Pleureusen-Elli,
Die ging zu Braasen rein
Sie ließ sich tätowieren
Den Rücken und ein Bein (das linke!).

Auf dem Oberschenkel
Ist nun zu sehn ein Schiff,
Das grade ist gestrandet
An einem steilen Riff.

Kaiser Barbarossa
Sie auf dem Rücken hat
Und etwas weiter runter
»Mondschein am Kattegat«.

Schmerzen tat es wenig,
Wenn man die Kunst bedenkt,
Und für ein solches Prachtwerk
Schien zwölf Mark halb geschenkt.

Elli stand am Spiegel
Von nun an früh und spat,
Doch sah sie nie den Kaiser
Und nie das Kattegat.

Was davon erzählten
Die andern, freute sie
Und ließ sie schließlich glauben,
Sie sei 'ne Galerie.

Nächstens nun nach Rußland
Pleureusen-Elli geht,
Um für die Kunst zu werben
Und für Elektrizität.

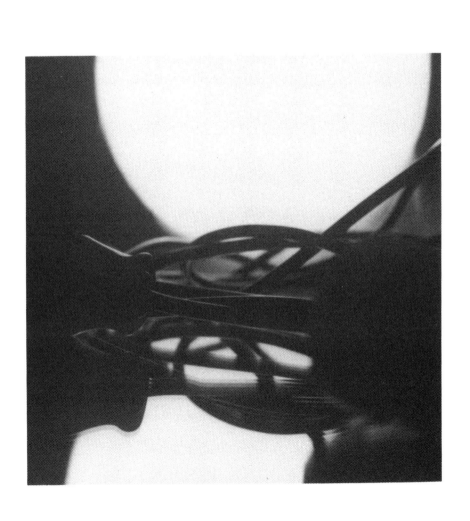

Aus: EMIL SANDT

Das Lichtmeer

[...] Am Abend füllte sich der Saal der Akademie schon vor der festgesetzten Zeit. Nicht nur die Reklame hatte gut gearbeitet. Ein Gerücht, das hier und da auftauchte; das unter dem Nachforschen zwar wieder auseinander glitt, wie eine Quelle, die man mit der Hand fassen will und die durch die Finger läuft; das aber hartnäckig an anderer Stelle wieder sein Wesen trieb, hatte die Nachricht verbreitet, daß es dem Ingenieur Anselm Träger nach langen Versuchen gelungen sei, ein Verfahren zu erfinden und eine Maschine zu konstruieren, mit deren Hilfe man das Sonnenlicht einfangen, aufspeichern und in Kraft umwandeln könne. Die Zeitungen hatten nun noch die Namen derjenigen mitgeteilt, die nicht nur als Interessenten, sondern auch als Eingeweihte angesehen wurden. Und da unter diesen Namen solche von besonderem Klange waren, Namen von Männern, die die breite Masse gewohnt war, ernst zu nehmen, galt die Erfindung nicht nur als gesichert, sondern auch bei den außerordentlichen Ausblicken, die sich durch sie boten, als eine, bei deren Wichtigkeit es jedermann geboten erschien, sich den Vortrag anzuhören und sich dabei auch den Mann anzusehen, dem von allen Seiten eine große Rolle in der Zukunft geweissagt wurde.

Welche ungeheure Umwälzung die Erfindung in der Tat auf fast allen Gebieten, nicht nur in der sich abgeschlossenen Technik, sondern des öffentlichen Lebens überhaupt nach sich ziehen würde, das war allerdings den wenigsten klar. Man hörte im Saale ahnungsvolle laienhafte Bemerkungen, und auch die Plattheit des Tages machte sich hier und dort breit, aber im allgemeinen herrschte eine große Spannung.

Man wußte, daß unter hundert Menschen sich fünfundneunzig in schwerer Mühsal quälten, um jene Bedingungen zu schaffen, unter denen in der Jetztzeit das Leben nur erträglich erscheint. Wie viele muskulöse Arme mußten in zahllosen Stößen ihre Kräfte hergeben, ehe in dem stillen Studierzimmer die Petroleumlampe brannte oder das Glühlicht oder der Kohlenfaden; wieviele Rücken waren krumm geworden und wieviele Schweißtropfen mußten vergossen worden sein, ehe ein Konzertsaal eine erträgliche Temperatur erhalten hatte; wieviel keuchende Atemzüge hatten dazu gehört, ehe aus der schwarzen Kohle das königliche Rot des Purpurs geworden war. Und wenn man recht gehört hatte, wollte der da oben, der so kühl bis ins Herz hinein in die Menge sah, nicht nur alle diese schwere Last von der Menschheit nehmen, sondern er behauptete auch, in dem Besitz eines Mittels zu sein, durch das er eine vieltausendfältige Kraft gegen alles, was man sich bisher unter Krummstehen und Verbluten erarbeitet hatte, freimachen konnte für die gesamte Menschheit.

Von der Riesenenergie, die die Mutter Sonne jeden Tag in das Weltall hinausstrahlte, wollte er einen großen Teil dessen, was unserer Erde um den jungen Leib spielte, einfangen und in Kraft umwandeln. [...]

Mancher eine saß da unten, in dem die Frage aufstieg: »Ja, dann hört ja das verfluchte Arbeiten ganz auf. – Hurra, das Leben!« Aber auch der eine oder der andere saß still in sich gekehrt da und meinte so still für sich: »Ja, – ist das nicht eigentlich schlimmer, als die schlimmste Revolution? Nicht mehr arbeiten?«

»Sie haben doch gar nichts gesagt; und ich habe doch nicht laut gesprochen?«

»Das ist auf diesem Panzer alles nicht nötig, Exzellenz.«

Anselm nahm seine Hand aus der Jakettasche und zeigte einen kleinen Apparat vor, der kaum die Größe einer Taschenuhr besaß. »Hier überall an Deck münden Leitungen. An dieser Uhr befindet sich ein Draht. Hier ist er. Er geht durch meinen Anzug in meinen Stiefel; hier in den linken. Und ich stehe auf einem Kontakt. Die Kontakte sind natürlich in dem Eisendeck alle isoliert. Und auch besonders gekennzeichnet. Alles, was in die Zentralkammer geht, mündet in einer kleinen viereckigen roten Platte; dort, die runden grünen sind die Mündungen von Drähten, die in die Mannschaftsräume laufen; hier der blaue geht nach der Messe; die verschiedenen weißen gehen nach den Geschützständen. So ist alles von Deck aus ohne Mühe und ohne ein Wort zu erreichen. – Und in der Kommandokammer sind ebenfalls alle Leitungen vereint – .«

»Aber die Uhr und die v e r s c h i e d e n e n Befehle –.«

»Es ist eigentlich keine Uhr. Sie hat ein Zifferblatt und Kontaktpunkte und einen Zeiger. Den Zeiger hier kann ich mit der Hand verschieben. Bei einiger Übung kann man das im Finstern machen. Man kann die Kontaktpunkte sehr gut fühlen. Die verschiedenen Punkte lösen verschiedene Stromstärken aus; und an den Ankunftsstellen heben verschiedene Stromstärken auch verschieden schwere kleine Platten, die infolge dessen auf verschiedenen Stellen einer Skala stehen bleiben; und von den dort befindlichen Etiketten liest man dann den Befehl ab.«

»Ich bin nun aber doch erstaunt,« sagte der Admiral tief atmend. »Aber wie –« fügte er schnell hinzu, »nach den verschienenen Ankunftsstellen gibt es doch verschiedene Befehle. Die nach der Zentralkammer sind anderer Art, wie nach den Geschützständen –.«

Anselm hielt ihm die Uhr hin und blätterte sie auseinander. »Diese Platte für die Geschützkammer; und diese hier und diese hier. – Sie gehen für jede Empfangsstation besonders. Nur die Messe, – bei dieser haben wir uns auf einen einfachen Anruf beschränkt. – Das kann aber auch genau so ausgeführt werden, wie bei allen andern. Auf solcher Taschentablette kann eine ganze Speisekarte stehen, so klein wie das Zifferblatt auch ist.«

»So wird ja hier das Kommandieren kaum nötig sein; ich meine das Schreien.«

»Dieses Schiff, Exzellenz, das das schnellste werden soll, das seinen Hunger am mühelosesten stillt, das wird auch das leiseste sein.« [...]

»[...] Wir erzeugen einen elektrischen Strom von dem vielfachen der bisher gekannten Stärke. Und errichten drei Zonen. In nicht mehr als achtundvierzig Stunden. Die erste elektrische Barriere warnt die Menschen durch heftige, aber nicht tötliche Schläge; die zweite macht sie lahm; wer aber bis zur dritten gelangen sollte, ist unfehlbar eine Leiche. Ob das zehn- oder zwanzigtausend Menschen sind, – und jeder Angriff, jeder Sturm erledigt sich durch einen Fingerdruck auf den einen oder anderen Knopf. – Das ist auch das System, das wir um Festungen legen wollen. Das Material spielt bezüglich seiner Kosten keine Rolle; der Strom wird mit der Vervollkommnung der Erfindung immer billiger. – Wir gehen ja durch unsere Erfindung auch dem Zeitalter entgegen, in dem kein Schiff mehr bemannt sein wird. Es wird alles elektrisch gelenkt; es wird elektrisch geladen, elektrisch geschossen. Ein einziges taktisches Genie sitzt an irgend einer sicheren Stelle und führt nicht anders Krieg, wie man Schach spielt. Der beste Schachspieler wird Sieger. Man wird in ferner Zukunft keinen Menschen mehr brauchen, sondern nur totes Material. Und in dem Gehirn eines wird sich das Schicksal von Millionen entscheiden.«

»Der Chef des großen Generalstabes,« erwiderte der Kommandierende trocken, »hat diese Ihre Erfindung in vollem Umfange gewürdigt. Auch in den Perspektiven gerade, die Sie eben entwickelten. Freilich hat er die Nutzanwendung nur für die nächste Zeit gezogen. Unter »nächster Zeit« versteht er jene Periode, in der nur Deutschland im Besitze der Erfindung sein würde. Wenn sie erst in den Händen aller Nationen sein wird, ist in der Arena ja Licht und Schatten wieder gleichmäßig verteilt. – Seine Majestät nimmt eine andere Stellung zu der Sache ein. Hier liegt die von Allerhöchster Hand ausgearbeitete Denkschrift. Sie wird für alle Zeiten ein historisches Dokument bleiben.«

»Begründet die Denkschrift, daß wir hier zu unserem Schutze Soldaten bekommen sollen?« fragte Anselm höflich.

»Zum Teil auch das. – Aber in erster Linie nimmt sie Stellung zu Ihren Perspektiven. Ich darf sie Ihnen, meine Herren, zu näherem Studium hierlassen. Zu dieser Zukunftsmusik möchte ich aber darauf hinweisen, daß Majestät eine andere Auffassung hat als Sie und vielleicht die meisten unserer Zeitgenossen. Das Bild von dem schachspielenden Admiral oder General ist der Ausgangspunkt. – Majestät fragt: Einer wird doch Sieger sein. – Nämlich der, dessen Material am meisten aushält. Der andere, dessen Material zuerst erschöpft oder vernichtet ist, was wird der tun? – Sie sagen, er hat sich als der Unterlegene zu fügen. Majestät sagt aber etwas ganz anderes: N u n   s i n d   d o c h   n o c h   d i e

Menschen da. Die Menschen! – Und zwar in aller Kraft und Frische. – Dann wird, – es kann darüber gar keinen Zweifel geben, – vom toten Stahl wieder auf den lebendigen Muskel zurückgegriffen. Und dann wird doch wieder d a s Volk siegen, das an lebendiger Kraft das stärkste ist. Sehen Sie hier diesen Satz: »Die Erfinder ergehen sich trotz der Realität ihrer außerordentlichen Erfindung in Utopien. Wenn es aber schon Utopien sind, dann darf sie nichts hindern, auch einen Schritt weiter zu gehen und von dem »elektrischen Menschen« zu sprechen. Von der »Urzeugung auf elektrischem Wege«. – Das ist kein Vorwärtskommen der Menschheit; sondern ein immer tieferes Versinken in die Mechanik. Und hier an dieser Stelle steht: »Wir haben uns in unserer Phantasie vor allen jenen üppigen Auswüchsen zu hüten, die die Mehrheit der Menschen zu Automaten erniedrigt. Das ist keine Entwickelung nach Oben und nach Vorn. Wenn schon die Entwickelung den Kampf voraussetzt, dann ist das E i n s e t z e n d e r P e r s o n die einzige gegebene Form, die Entwickelung zu verbürgen. Der Person können Hilfen gegeben werden; niemals darf sie ausgeschaltet werden. Das gibt schwache Menschen, schwache Völker; eine schwache Menschheit. – Es ist ein hoher Standpunkt; es ist ein sehr weitsichtiger Standpunkt und – : es ist nichts auf ihn zu erwidern. – Es sei denn, man stimme ihm rückhaltlos bei.«

»Ich stimme ihm n i c h t bei. – Es wird immer das menschliche Gehirn sein, das die Waffen schafft,« erklärte Richard bestimmt. [...]

Es gibt hier keine Kohle mehr; kein Petroleum und kein Gas. Es gibt hier nur die Elektrizität. In einer Ecke der sauberen Hausdiele steht ein geschmackvolles großes Gehäuse. Es birgt die Zuleitungen und enthält die Kontrolluhr und die Umschaltungen. Jedes einzelne Zimmer und jeder noch so kleine Raum vom Keller bis zum Boden besitzt elektrische Beleuchtung. Jeder Raum hat entsprechend seiner Größe einen elektrischen Ofen. Die Küchenherde tragen elektrische Glühplatten. Wie die Waschmaschinen, so werden auch die Kaffeemühlen elektrisch betrieben. Um die Wringmaschinen in Bewegung zu setzen, hat die Hausfrau nur nötig, die entsprechende Umschaltung vorzunehmen, und sofort dreht sich die Kurbel. Jede Häuslichkeit besitzt ihre elektrischen Staubaufsauger. Niemand hat nötig, sich um seine Hausuhren zu bekümmern. Sie werden sämtlich elektrisch betrieben und von der Zentrale aus kontrolliert. Der Zusammenhang geht so weit, daß diese Leute hier ihr Haus verlassen können, ohne die Fenster zu schließen. Sobald sie den entsprechenden Auftrag an die Zentrale erteilen, werden sämtliche Fenster ihrer Wohnung, bei aufziehendem Gewitter zum Beispiel, von der Zentrale aus auf elektrischem Wege geschlossen. Jedes Haus besitzt, getrennt für jede Einzelwohnung einen außen befindlichen, durch eine architektonische sich geschmackvoll einfügende Säule cachierten Aufzug für die Postsachen und für Waren. Wo Brunnen vorhanden sind, wird das Wasser elektrisch gehoben; sonst wird es – ebenfalls durch elektrische Kraft –, zugeführt. Besonderer Erwähnung scheint mir der Umstand wert zu sein, daß die Erfinder jede Familie instand gesetzt haben, ihr Haus zu verlassen ohne besorgen zu müssen, daß sie während ihrer Abwesenheit bestohlen werden könnten. Die Erfinder versehen auf Wunsch ein solches Haus mit einem klug durchdachten System von elektrischen Sperrungen. Ich habe mir eins dieser Häuser zeigen lassen und den Apparat im Betriebe gesehen. Der eindringende Dieb müßte Sprünge von mehr als zwei Metern machen, um jene Kontakte zu vermeiden, die sofort das ganze Haus unter Licht setzen. Da diese Kontakte aber in jedem Haus anders liegen und auch äußerlich nicht erkennbar sind, wird es ihm nicht gelingen, ihnen aus dem Wege zu gehen. In dem Augenblicke, in dem er unfreiwillig Licht gemacht hat, ist ihm aber auch nicht nur der weitere Weg, sondern auch der Rückweg abgeschnitten. Als wir auf der hinteren Hälfte der Hausdiele standen, schob sich geräuschlos ein eisernes Scherengitter von beiden Seiten heraus. Die beiden Teile näherten sich bis auf ungefähr dreißig Zentimeter und dann sprangen zwischen ihnen die elektrischen Funken unter ohrenbetäubendem Knattern von einem Gitter zum andern. Das gleiche Bild bot sich in unserem Rücken, dem Hauseingange zu. Dieser ganze Sicherungsapparat ist sowohl von der Zentrale aus nach dem Weggang der Hausbewohner anzustellen, als auch von den Hausbewohnern selbst. Er kann aber nicht gegen den Willen der Hausbewohner in Tätigkeit treten. Zu den weiteren Annehmlichkeiten, die die Erfinder dem ganzen Bezirke verschafft haben, gehört zweifellos der Anschluß jeden Hauses an das Fernsprechsystem und die Einrichtung des überall vorhandenen Haustelephons.«

Dieser Bericht war mit den an ihn geknüpften Folgerungen sofort in die öffentlichen Blätter übergegangen. In der Allgemeinheit, im Inlande sowohl wie im Auslande, war Rellinghausen »das elektrische Dorf« getauft worden. Nirgends aber war man auch mehr im Zweifel, welche Errungenschaft man in dieser neuen Erfindung zu sehen hätte. Es waren längst nicht nur Neugierige oder Mißgünstige oder auch Abenteurer, die nach Rellinghausen zogen. Die National-Ökonomie beschäftige sich mit diesem Dorfe; ebenso alle jene Kreise, bei denen das soziale Empfinden der treibende Gedanke war. [...]

Der Chef des großen Generalstabes und der Kriegsminister hatten sich anmelden lassen. Beide Herren wünschten jene Einrichtungen kennen zu lernen und sich auf das Genaueste über sie zu informieren, von denen Anselm in seiner Denkschrift gesagt hatte, sie seien ebenso geeignet, einen Platz abzusperren, wie eine Festung zu sichern.

In diesem Falle galt es nicht das bisher Erreichte zu zeigen, sondern einem neuen Ausläufer Bahn zu machen.

Die beiden Herren schritten mit den Erfindern über den weiten Platz.

»Hier sieht es im Gegenteile zum Städtchen sehr friedlich aus,« sagte der Kriegsminister.

»Und keine Stelle im Umkreise von hundert Kilometern ist mehr mit Gefahr gespickt, als dieses Feld,« entgegnete Anselm.

»Ich darf von Ihrer Liebenswürdigkeit erwarten, daß Sie uns diesen seltsamen Ausspruch erklären.«

Anselm zog einen eigenartig geformten Schlüssel aus der Tasche. »Dieser Schlüssel, Exzellenz, ist die Auflösung zu dem Rätsel, daß es den geeinigten Bemühungen vieler Intelligenzen nicht gelungen ist und nicht gelingen konnte, uns unseren Apparat zu entreißen. Das Gegenstück zu diesem Schlüssel hat mein Kompagnon hier in der Tasche. Unser sogenannter Lichtumwandler ist klein. Er ist nicht größer als ein Mann. Und auch nicht schwerer; könnte also sehr leicht transportiert werden. Aber auf fünfzig Meter im Umkreise von ihm kann sich kein Mensch bewegen. Wenn wir es nicht wollen. – Sie werden zweifellos wissen, Exzellenz, was Teledynamik ist.«

»Ja; das ist die drahtlose Übertragung elektrischer Kraft.«

»Ja; und mit dieser arbeiten wir. – Der Apparat steht unter dem Schutze eines elektrischen Empfängers. Von diesem Empfänger aus werden alle gangbaren Stellen um den Apparat innerhalb eines Durchmessers von hundert Metern mit einem hochgespannten elektrischen Strome geladen. Die ganze Umgegend ist präpariert. Schichtweise; und zwar so, daß niemand aus der äußersten Zone von zehn Metern wieder heraus kann. Es ist die Vorrichtung getroffen, daß ihn besondere Gitter immer näher an den hochgespannten Strom heranschieben.«

»Ja, aber –«.

»Wir töten niemanden. Er wird nur so weit nach vorn geschoben, bis er in eine schmale Zone gelangt, die stromlos ist; dafür erhält der äußere Ring dann die Hochspannung. Der Mann ist gefangen. Und ich brauche wohl kaum zu versichern, daß ihn ein ganzes Armeekorps nicht mehr befreien kann. – Es sei denn, wir stellten erst den Strom ab. – Ich habe bereits acht Photographien von solchen Waghalsigen, die zu unserem Geheimnis vordringen wollten. Es ist jedesmal ein eigentümlicher Anblick, diese Leute zu sehen. Sie scheinen durchaus frei zu sein. Sie können stehen, gehen, sich hinlegen. Nur können sie die kaum sichtbaren feinen Gitter nicht überwinden. – Und so allerdings in größerem Maßstabe, liegt es mit diesem Platze hier. Und in noch weit erheblicherer Ausdehnung würde es mit jeder Festung sein –.«

»Nun, das sehe ich noch nicht ein. Eine Festung wird beschossen. Und zwar aus sehr weiter Entfernung –.«

»Für die Teledynamik, also für die elektrische Übertragung ohne Draht gibt es keine Entfernung. Man kann auf eine Meile im Umkreis den verhängnisvollen Gürtel ziehen und ihn drei Kilometer breit machen. Dann läßt man wieder ein Kilometer frei und beschlägt wieder eine Zone von drei Kilometern. Der Feind weiß niemals, wo die Gefahr und das Verderben aus dem Boden blitzt.«

»Ich denke, es muß doch einen Empfänger geben. Und der muß doch je weiter die Entfernung ist, um so höher gelegt werden –.«

Anselm schüttelte den Kopf. »Nein, Exzellenz, er kann sogar tief in der Erde liegen. Er kann eingemauert werden. Man kann ihn mit Erde und Rasen bedecken. Man kann Bäume über ihn einpflanzen –.«

Der Kriegsminister sah den Chef des Generalstabes an. »Das übertrifft ja alles bisher Dagewesene. – Was für Ausblicke –.«

»Gewiß außerordentliche Ausblicke! – Im Guten wie im Bösen. Im Ernst wie im Scherz. – Wenn ein Schuft diese Sache in die Hand bekommt, wird es für ihn eine Kleinigkeit sein, sich eines unbequemen Gegners zu entledigen. Er mag eine geeignete Form finden, diesem heimlich gehaßten Menschen zugleich mit einem Auftrage oder einer Bitte ein kleines Paket zu übergeben, das den entsprechenden Empfänger und Explosivstoffe enthält; und er kann dann, wenn jener in einer ihm beliebigen Entfernung ist, auf den Knopf an seinem eigenen Apparat drücken. In diesem Moment ist der andere in die Luft geflogen.«

»Und niemand wird wissen –« [...]

Das Zentrum aller dieser vielfachen und nach verschiedenen Richtungen gehenden Überlegungen, das Elektrizitätswerk der Firma Träger & Marteau, hatte in den letzten Tagen sein Äußerstes getan, um alles zur Feier würdig vorzubereiten. Nicht nur ein Heer von Arbeitern, sondern auch eine Schar von Firmen hatte helfen müssen. Große Dekorationshäuser aus Berlin und Düsseldorf hatten die Ausschmückung besorgt. Der große Platz war festlich zugerichtet. Ringsherum zog sich eine Mastenreihe, die Fahnen und Guirlanden trugen. In weitem Kreise zogen sich Tribünen an den Flanken entlang. Aber wenn auch alle Kunst des Geschmacks und des Raffinements angewendet worden war, hier eine Gelegenheit für eine Völkerschau zu schaffen und wenn auch Landschaft und Himmel das ihrige dazu beitrugen, den Glanz des Tages zu erhöhen, so schwebte doch über der Feierlichkeit eine Stimmung, die sich merklich von sonstigen Veranstaltungen gleichen Umfangs unterschied. Es war etwas Unheimliches um diese unsichtbare, weithin wirkende Kraft. Man sah vor sich ein schwaches Gitter, das weder in der Landschaft störte noch den freien Blick hinderte. Aber an diesem Gitter war in kurzen Zwischenräumen eine Warnung angebracht. »Dieses Gitter darf nicht überschritten werden. Der dahinterliegende Streifen Landes ist in einer Breite von zehn Metern elektrisch geladen.«

»Es kann ein Bluff sein,« sagte einer aus der dichtgedrängten Schar.

»Es kann aber auch wahr sein,« wurde ihm erwidert.

»Man müßte es einmal irgendwie probieren.«

»Ja, aber wie?«

Er wurde des Nachsinnens überhoben. Ein anderer, den ebenfalls Neugierde und Zweifel plagten, hatte seinen Terrier auf den Arm genommen und hinübergeworfen. Der Hund hatte kaum den Boden berührt, als er sich auch schon in krampfhaften Zuckungen wand. In Verrenkungen, die grauenhaft anzusehen waren, rollte er hin und her und schnellte dann auch wieder einmal hoch. Das Tier gab keinen Laut von sich und auch die Zuschauer schienen erstarrt. Von drüben aus hatte man den Vorfall bemerkt und auch willkommen geheißen. Es war die einfachste Art, von dem Ernst der Warnungen zu überzeugen. Richard schickte einen der Ordner hinüber, schaltete diese Stelle des Streifens aus dem Strome aus und ließ den Hund, der so naß war, als habe man ihn eben aus dem Wasser gezogen, wieder über die Barriere reichen.

Es war ein unscheinbarer Vorfall. Und es handelte sich nur um einen Hund. Und doch war der Eindruck ein ungeheurer. Das Vorhandensein dieser tückischen, dieser hinterlistigen Kraft war allen zu Bewußtsein gekommen. Richard hatte Recht gehabt. Das Unheimliche und Unsichtbare wirkte als Wächter und als Drohung weit heftiger als es irgend eine Polizei- oder Soldatentruppe hätte tun können. Diese Wirkung ging so weit, daß sich sogar viele der Besucher auf den ihnen angewiesenen Plätzen unsicher fühlten. Man sah nicht nur die Mastbäume und das Gitter, nein auch den Rasen, auf dem man stand, mit Mißtrauen an. Man sah sich den Nachbar an, ob er nicht irgend etwas Metallisches an sich trüge, das die Elektrizität besonders anziehen könnte. Und das übelste Gefühl war das, daß man sich nicht wehren konnte. Da gab es ja keinen Menschen und kein Tier, von dem man angegriffen wurde. Es war ein Nichts, vor dem man sich vorsehen mußte. Weder Messer noch Revolver nutzten hier. Und in manchem Hirn zuckte der Gedanke hoch: Nun hat man ja nur noch nötig, rund um Deutschland in einer Breite von ein paar Meilen solchen Streifen zu ziehen. Was wollen dann die anderen! – [...]

KARL KRAUS

Die elektrische Bahn Wien-Preßburg ist eröffnet worden

das ist praktisch. Mitglieder des Wiener Männergesangvereins trugen dabei einen Chor vor, das ist unpraktisch. An der Eröffnungsfahrt nahmen teil die Inspektoren Edelstein und Kronos, das ist interessant, wiewohl der letztere nicht identisch oder verschwägert ist. In Preßburg angelangt, bemerkte einer, daß dort 1277 Ladislaus IV. mit König Rudolf jenen Bündnisvertrag geschlossen habe, auf Grund dessen die Schlacht bei Dürnkrut gewonnen wurde, und daß dorthin, nach Preßburg, Ferdinand I. nach der Schlacht bei Mohacs seine Residenz verlegte. Das ist lückenhaft, weil in Preßburg auch der Professor Bernhardi aufgeführt werden sollte. Der österreichische Eisenbahnminister hielt drei Reden, eine bei der Abfahrt des Zuges, eine an der Grenze und eine beim Ziel. Das ist viel. »Man hat sich schließlich gesagt«, meinte er, »es kann nicht Sache der Regierung sein, den technischen Fortschritt aufzuhalten, und was das Interesse der Allgemeinheit ist, ist schließlich auch das Interesse des Staates.« Das ist einsichtig. Ein anderer Redner sagte: »Österreich braucht Ungarn und Ungarn braucht Österreich, und daher wollen wir zusammen leben und miteinander kämpfen.« Das ist zweideutig. Am nächsten Tag wurde gemeldet, daß soeben bei der Sophienbrücke der Starkstromleitungsdraht der elektrischen Bahn Wien-Preßburg gerissen sei. »Infolge dieses Zwischenfalls mußte der Verkehr auf der Strecke eingestellt werden.« Das ist bedauerlich.

HERMANN KESTEN

Die Lichtreklame

Und kaum vermag ich mich noch zu erinnern,
Wie groß die Sterne in den Wäldern sind!
Wie wurden in der Städte steinigem Innern
Die lichtesten Gestirne blind!

Der Lichtreklame leuchtende Fanale
Umgrenzen unsre Straßen vor der Nacht.
In ihrer makellos reellen Pracht
Entbehrt man gern das Schwebende, Sakrale

Der ungewissen Sterne. Man entbehrt
Die Götter leichter, wenn die tausend Lichter
Von wenigen Dynamos nur genährt
Dem Menschen untertan sind, wie dem Dichter

Die tausend lichten und die tausend dunkeln
Sternhellen Worte. Welch ein neues Leben!
Wenn rings die großen Bogenlampen funkeln
Und drüber tausend dunkle Sterne schweben!

Joseph Roth

Der Elektrizitätsstreik
Sonntagsgang durch die stumme Stadt
Berlin in Dunkelheit

Die Stadt ist nicht tot, die Stadt ist nicht einmal finster, sie ist nur stumm.

Jetzt erst, da sie nicht ist, die Straßenbahn, glaubt man, sie zu hören. Eigentlich war sie es, die den eigentlichen »Lärm der Großstadt« macht. Und sie war es eigentlich, die das neue Menschenmaterial dieser Stadt beförderte. Jetzt lärmt die Stadt nicht mehr, sie ist stumm. Und das Menschenmaterial fährt nicht; es wandert. Es ist eine Stadt auf Beinen. Manchmal funktioniert das elektrische Licht, und manchmal hört es grundlos auf. Eine Stadtbahnstation leuchtend vor Frieden und Streitlosigkeit. Bogenlampen- und glühbirnenbegabt. Man könnte glauben, Streik der städtischen Elektrizitätsarbeiter sei eine ferne, ferne Angelegenheit aus dem Jahre 1920 zum Beispiel. Und eine andere Stadtbahnstation (z.B. der zoologische Garten) mit – Pechfackeln aus Museen für Altertumskunde an Kassenschaltern. Die Pechfackeln stinken Anklage und Empörung über Streik in die Luft.

Friedrichstraße: Diese Straße besteht aus Tag und Nacht. Sie sieht aus wie ein experimenteller astronomischer Beweis. In der Behrenstraße scheiden sich die Tageszeiten. Noch ist Unter den Linden Nacht, tiefschwarze. Tritt man über die Grenze: Behrenstraße, ertrinkt man in einer Sintflut von Licht.

Cafés: friedlich nebeneinander Mittelalter und zwanzigstes Jahrhundert. Die Abstimmung der einzelnen Lichtströme ist geheimnisvoll und verschieden. Hier erweist sich, was prädestiniert ist zu Pech und glücklichem Zufall. Ein Lokal in der Friedrichstraße hat die silbernen Armleuchter seiner Urahnen zur Erhellung einer traurigen Gegenwart angewendet. Drinnen ist Gruftatmosphäre. Wölbungen strömen seltsamen Totengeruch aus. Die Gesichter der Menschen sind halb und ein viertel beleuchtet. Gespenster erschimmern aus Hintergründen: Sind das Kellner in weiten Sterbeservicegewändern?

Und hart daneben, streikferne und mit Kulturerrungenschaften ausgerüstet, sprüht ein anderes expressionistisches Licht »Ballungen« in eine geblendete Menschheit.

In den Schaufensterläden am *Potsdamer Platz* und in der *Leipziger Straße* verkümmern Kerzen. Tropfenweise stirbt eine Straßenkultur aus Stearin.

Die Stadt ist stumm. Verödet schleppen sich Schienen in die Unendlichkeit wie Streiks. Es sind zwei parallele Linien, die nach geometrischem Gesetz niemals zusammentreffen: wie zwei Parteien, die verhandeln... Die Menschen schieben nicht! Sie schieben sich. Es dauert eine Stunde, eh' man die Friedrichstraße von der Behrenstraße bis Unter den Linden durchschritten hat. Man schiebt sich. In der Mitte klafft finster der Abgrund, der Grundriß der Friedrichstraße, an dem der Berliner Magistrat schon seit Ewigkeiten arbeitet, auf daß wir hart an ihm wandeln... Straßenhändler sind Straßenhändler, seitdem Straßen finster wie Haustore sind. Und alles, was lichtscheu, scheut das Licht nicht mehr.

Es ist alles symbolisch: Berlin ist ein Kintopp, ein dunkles Geschäft, ein expressionistisches Gemälde.

Neue Berliner Zeitung – 12-Uhr-Blatt, 8.11.1920

HANNES KÜPPER

He, He! The Iron Man!

Es kreist um ihn die Legende,
daß seine Beine, Arme und Hände
wären aus Schmiedeeisen gemacht
zu Sidney in einer taghellen Nacht
He, he! the Iron Man!

Eine Spiralfeder aus Stahl sei das Herz,
frei von Gefühlen und menschlichem Schmerz,
das Gehirn eine einzige Schalterwand
für des Dynamos Antrieb und Stillstand.
He, he! the Iron Man!

Dicke Kabelstränge seine Nerven wären
Hochgespannt mit Volt-Kraft und Ampèren
Denn:
dieser künstliche Mensch sollte auf Erden
ursprünglich nicht Six-Days-Fahrer werden.
Zu einem neuen Cäsar war er erdacht,
daher die ungeheure eiserne Macht.
He, he! the Iron Man!

Und
bleibt auch alles nur Legende, so ist doch eines wahr:
Ein Menschenwunder ist es – Reggie Mac-Namara!
He, he! the Iron Man!

KURT TUCHOLSKY

Die Beleuchter

»Die Hauppsache bein Theater is: nur die Ruhe nich valiern. Wat wehrn die denn ohne uns –?

Sehn Se, son Beleuchter kann nich jeda sein; det isn Beruf, der will jelernt sin. Wir missn die Lampen abmontiern und die Leitungen lejn und alles sowas – na ja, det is ja annerswo ooch ... aber sehn Se, 'n Theater – det is manchmal die reine Verricktenanstalt.

Die Schohspieler sind ja soweit nette Leute – aber wissen Se, die Leite sind ja plemplem. Mensch, wenn se denn schon komm uff de Probe, imma beleidicht sind se – wir frahren uns ofte: wat ham die bloß? Imma is wat. Mal is een die Rolle zu klein und denn wieda zu jroß, und wenn der Regissör sacht: Hier, bei die Stelle, da jehst du hier rieba – denn macht der ein Heck-Meck! Er jeht nich rieba! er bleibt hier stehn, hier uff diesen Fleck! und er jeht bein Direktor, sich beschwern ... nu sahrn Se mal: kann det den Mann denn nich janz jleich sein? Nee – es is wejn die Würkung.

Neilich, diß war'n Feez! Da hatte Otto ein jenomm, wir wahn vorher drüben bei Beetz jewesen, weil seine Olle hatte Jeburtstag, und da hatte er een ausjejehm. Is jut. Ick kucke noch so uff die Uhr, ick sahre, Kinder! sahre ich, es is hechste Eisenbahn – die fangen ja sonst drieben ohne uns an! Also wir rieba, ick seh schon imma, wie mein Otto so janz leise schaukelt, na, es war kaum zu merken ... aber wir wußten doch Bescheid. Immahin: der Mann is ein erfahrener Fachmann, den passiert nischt, da kann er jetroste einen jenomm ham. Is jut.

Indem kommt König uff de Biehne, Paul König, Se wern ja von den Mann jeheert ham – er is sehr beriehmt, der Direktor hält jroße Sticke aufn – und an den Ahmt machte er den Hamlet. Un an die Stelle, wo det Jespenst ascheint, wir müssen da imma mächtig aufpassen, un alles stand auch richtig in de Kulissen un bei die Schalter – da heer ick pletzlich, wie Schauspieler König imma zu Otton rieba ruft: ›Blau! Blau!‹ – Un Otto zeicht immer uff sich, wie wenn er meent: ›Als wie icke –?‹ – ›Blau! Blau!‹ ruft der imma weita – und nu heerten det ooch die annern, und nun fingen wir alle an zu lachen ... Da schnappte aba Otto in. ›Mein Sie mir?‹ wird er janz laut rufen – und der Inspizient macht schon: ›Psst!‹ und ›Ruhe!‹, un Otto imma weita: ›Als wie mir? Was fällt denn den ein?‹ un der Feierwehrmann guckt schon rieba, wat hier is ... und auf eenmal jeht König an die Kulissen und ruft – also wir dachten schon, det Publikum wird det heeren: ›Na wollt ihr nich vielleicht in die Rampe blaues Licht geben –!‹ Vor Angst hat Otto denn rot jeschalt, aber hat keener jemerkt, und wie allens jlicklich vorbei war, da ham se sich denn vasöhnt, und König hat nachher noch bei Beetz einen ausjejehm, und wie Otto is denn nach Hause jejangen ... also ... da wah a aba richtig blau –!

Sehn Se, 'n Theata ohne Beleuchter, det is wie ne Weiße ohne Schuß. Et fehlt was.«

Hier wird geplaudert

Wenn man mir's erlaubt, äußere ich mich hier über eine Stadt, die gleichsam eine Symphoniewirkung ausübt. Die Straßen lassen an Sauberkeit nichts zu wünschen übrig. Tagsüber machen sie den Eindruck der Zierlichkeit, nachts jedoch geht etwas Sphinxhaftes von ihnen aus, womit ich sagen will, daß sie von elektrischen Lichteffekten strotzen, derart, daß man stutzt und zugleich glücklich ist, und daß man staunt und gleichzeitig auf der Verblüfftheit ausruht. Immerhin scheinen auch Quartiere vorzukommen, in denen sich eine stille, fuhrwerklose, lärmfreie, Entlegenheit vergegenwärtigende Straße an die andere schmiegt und reiht, so daß man sich in etwas Stillstehendes, Verschlafenes versetzt meint. Am Tag arbeiten die Einwohner, d.h. sitzen alle diese vielen Menschen, die die Stadt bewohnen, irgendwo an eine Beschäftigung gebunden, die ihnen ein Einkommen verschafft, das sie nicht entbehren zu können glauben. Wenn es dunkel wird, öffnen sich die Türen der Theater und Vergnügungslokalitäten, und man stellt sich mit der erforderlichen Gelassenheit dort ein, wo musiziert, gesungen, gespielt wird, was ich ausspreche, als streckte ich meine Hand aus und steckte Allgemeingültiges mit einer Selbstverständlichkeitsgeste in die Tasche. Mich als anordnenden Faktor fühlend, weil ich über etwas Weitverzweigtes schreibe, komme ich auf den Balkon eines Kaffeehauses zu sprechen, von wo aus man vergnügte Blicke auf die unten vorübergehende, elegant gekleidete Menge herabwerfen kann, ohne im geringsten befürchten zu müssen, man gebe zu einer Störung Ursache. Hauptsächliche Verkehrsadern sind mit Bäumen bepflanzt, damit sie sich durch Naturschmuck auszeichnen. Untergrundbahnen sausen pfeilschnell durchs Unsichtbare, d.h. unterhalb der sichtbaren Beweglichkeit durch geeignete Unterführungen. Köstlich wie Oasen muten, im Häusermeer verstreut, vereinzelte öffentliche Gärten an, die das Herz erquicken und für die Augen eine Freude bilden, die sich niemand bemüht zu unterschätzen, da dies nicht nötig ist. Durch die Stadt fließen Kanäle, an deren Ufern interessante Gebäulichkeiten stehen, die zum Teil aus Zeiten stammen, die um ihrer Entschwundenheit willen vielsagend sind. Zahlreiche Bahnhöfe bieten dem Publikum Gelegenheit dar, zwecks Zeitersparnis in die Eisenbahn zu steigen, was an sich nett ist, da das Befördertwerden im Zustand bequemen Sitzens Annehmlichkeit im Bewußtsein hervorruft. Im Abteil lassen sich mit Leichtigkeit gewinnende Beziehungen, lockende Bekanntschaften anbahnen. Hübscher Frauen Hände ähneln mitunter unschuldig-schönen Tauben, die ihre Flügel artig und sanft dem Körper anschmiegen, als wenn sie verstecken wollten, womit sie fähig sind, fortzufliegen. Hier kann man einem Papiermagazin, dort einer Zeitungsredaktion einen geziemenden, nützlichkeitbeabsichtigenden Besuch abstatten. Anderwärts trinkt vielleicht ein Erholungsbedürftiger in einer Gartenlaube ein Glas Bier, um ruhig zu überlegen, was er zu tun und zu unterlassen habe. Heute gibt mir der Zufall Anlaß, in der Nähe eines Bankpalastes oder einer Kunsthalle eine mich lächelnd anschauende literarische Oftgenanntheit mit zurückhaltender Höflichkeit zu grüßen, während mich anderntags womöglich eine Schauspielerin in ihrem pittoresken Heim zwanglos erwartet, indem sie mich zum Fünfuhrtee und Fröhlichsein hiebei freundlich einlud. Doch nun hinaus vor die Stadt gefahren oder gewandert, wo sich begrüßenswerte Wälder meilenweit ausdehnen, die von träumerischen Junggesellen und bedächtig miteinander sprechenden Eheleuten behaglich durchkreuzt und durchquert werden, wo sich blätterumrahmte Restaurants blicken lassen und sich heimelige Seen durch die von Wohllaut durchzwitscherte Einsamkeit ziehen. Du wirfst dich für eine Weile unter einer Eiche, Buche oder Tanne ins zitterndzarte, duftende Gras, denkst an Befreundetes und Fremdes, an dich selbst, an die Nähe, die Weite, ans Reisen und daran, daß man gar nicht weit zu gehen braucht, um sich sagen zu können, man erlebe etwas, und indem du dich deinen Ideen und Einfällen anheimgibst, kommt eine Frauenfigur in die Lichtung und geht, dich ihrer Aufmerksamkeit kurz würdigend, weiter.

Johannes R. Becher

Ballade vom elektrischen Stuhl

Abgewetzt sind die Riemen. Die Schnallen
Sind rostig, schwarzes Blut.
Der Boden ist aus Zement.
Erhöht steht der Stuhl.

Ein Licht scheint dort, wie ein Dotter
So gelb ist das Licht, gelb die Wand,
Und gelb ist die Tür, und der Griff
Aus Messing ist gelb und blank.

Die Fenster aus Milchglas. Kein Gitter
Ist hier mehr zu sehn. Wozu?
Es ist kühl im Raum, wie Äther.
Es drückt die Kehle dir zu.

Ein Schirm. Eine marmorne Tafel
Mit Hebeln und Schalter und Draht.
Am Boden ein Kabel,
Helm und Maske hängen daran...

Drei Minuten vor Mitternacht –
Es kommt den Gang entlang.
Ein Toter? Zum Leben erwacht?
Er wartet nicht lang.

Kahlgeschoren sitzt er im Stuhl.
Ein Priester übt Kniebeugen.
An den Wänden stehen herum
Die Ärzte und Zeugen.

Sie stülpen den Helm ihm auf
Und die Maske vor das Gesicht.

»Gerechtigkeit, nimm deinen Lauf!«
Der Gefängnisdirektor spricht.

Der Leib wirft sich zuckend empor,
Klatscht brüllend nieder –
Die Riemen ächzen. Der Strom
Knattert und knackt in den Gliedern.

Die Lippen schäumend und blau.
Um den Kopf eine Wolke aus Dampf.
Das Blut verbrennt. Der Strom
Knistert und stampft.

Sie schnallen ihn los. Die Augen
Sind ausgelaufen und hohl.
Im Mund die Zähne gebrochen.
Der Rumpf schwarz und verkohlt.

Drei Minuten nach Mitternacht –
Ein Zug pfeift in der Ferne, als kräht
Ein Hahn. »Hallo, der nächste!«
Es geht nach dem Alphabet.

– – –

Es kam eine Zeit, da wurden
Die Mauern aufgerissen.
Das Todeshaus
War durchlöchert von Schüssen.

Das Volk greift sich die Henker
Und packt dem Stuhl sie auf.
»Zehntausend Volt! Strom, los und braus!
Rache, nimm deinen Lauf!«

Henker an Henker kam daran.
Jeder kam an die Reihe.
Sie schnitten Grimassen, stießen
Gellende Schreie.

Der letzte der Henker, mit Orden geschmückt
– Er war Präsident –
Er wankt zum Stuhl, die Knie geknickt,
Er betet und flennt.

»Wohlan! versuch's mal, wie es schmeckt!
Auf Nimmerwiedersehen!
Mit dem letzten Henker soll auch der Stuhl
In Feuer und Rauch vergehen!«

Aus: OTFRIED VON HANSTEIN

Elektropolis
Die Stadt der technischen Wunder

[...] »Jetzt weißt Du nicht, Junge, ob ich ein Zauberkünstler bin oder ein Verrückter. Jetzt zerbrichst Du Dir den Kopf, was ich hier will. Man hat Dir gesagt, daß ich eine halbe Million Quadratkilometer Wüste gekauft habe.

Sehr richtig. Und das verstehst Du nicht.«

»Allerdings nicht, Onkel.«

»Ich will Dir sagen, wir beide, hörst Du, wir beide, wenn wir sonst keine Mitarbeiter finden, werden in zehn Jahren, oder noch schneller, aus dieser Wüste das fruchtbarste Land der Erde schaffen.«

In seinen Augen war wieder dieser fanatische Glanz und ich sagte:

»Können das Menschenhände?«

»Nein, Junge, Menschen können das nicht, ganz gewiß nicht, aber das können meine drei Diener.«

Wieder sah ich ihn an. War der Mann trotz allem im Geiste verwirrt?

»Deine drei Diener?«

»Weißt Du, wie meine drei Diener heißen?

Der erste heißt Technik, der zweite Elektrizität und der dritte ist ein gar phantastischer Zaubergeselle und führt den Namen Radium. Mit diesen drei, und wenn dazu eine solche Sonne am Himmel steht und wenn dieser zermürbte, verrottete, ausgedörrte Wüstenboden so ist, wie dieser – wirst sehen, was wir da erreichen.

Hast den einen Diener ja schon kennen gelernt, oder eigentlich zwei. Hast gesehen, wie pünktlich meine automatische Bahn arbeitet, hast gehört, wie brav das Grammophon den anmeldenden Diener ersetzt. Weißt vielleicht gar nicht, daß Du die letzten dreitausend Kilometer von Kroe bis hierher ohne Flugzeugführer gefahren bist, weil ich den Apparat von hier aus mit Hilfe der Rindell-Matthewsschen Strahlen gelenkt habe.

Den ganzen Weg bis Deutschland ging es noch nicht, so weit reicht meine Kraftstation nicht, obgleich ich glaube, daß ich jetzt schon so ziemlich das größte Kraftwerk der Erde besitze.«

»Und Onkel – diese Höhle?«

»Die habe ich nicht gemacht, die hat mir zum Glück die Natur zur Verfügung gestellt, denn vorläufig ist's oben zu heiß und in einer Wellblechbude kann es höchstens ein Australneger aushalten.«

Er faßte meinen Arm und wir gingen auf die Tür zu, etwa zwei Schritte vor ihr sprang diese von selbst auf. Ich hatte gesehen, daß sie gar keine Klinke hatte.

»Sehr einfach, sowie man sich auf zwei Schritt der Türe nähert, schaltet man mit dem Fuß einen Kontakt ein; kommt einer von außen, dann meldet ihn das Grammophon und ich kann sein Bild in jener Mattscheibe, die sich durch einen Druck in einen Spiegel verwandelt, sehen.«

[...]

Wir gingen jetzt über die Schwelle. Der Onkel blieb stehen und drückte wieder einmal auf einen Knopf.

»Man soll sich nicht mehr anstrengen als nötig.«

Er legte den Arm um meine Schulter und wir glitten vorwärts. In den Gang, der jetzt von der schrägen Laufbahn des elektrischen Wagens abzweigte, war eine Laufbahn eingelassen, ein endloses Band, das nach Art der Gleitbahnen, die ich daheim in Warenhäusern gesehen, uns mit sich forttrug.

Alles dies war wieder so unwirklich. Der Gang war dunkel, aber während wir vorwärts glitten, wurde es um uns hell.

»Vorsicht, wir treten jetzt von dem Bande herunter.«

Wir traten zur Seite, gleichzeitig sprang eine Tür auf und ein ohrenbetäubender Lärm umgab uns. Wir standen in einer sehr hohen Grotte. Es mußte ein ausgedehntes Höhlensystem sein, was hier ausgenützt war. Wir sahen in eine elektrische Kraftstation größten Umfanges. Riesenhafte Schwungräder sausten, gewaltige Turbinen ließen ihre Triebräder wirbeln, die eine Wand war mit Marmorplatten belegt, auf der ein System von Hebeln eingebaut war. Ich hatte während meiner praktischen Ausbildung mit dem Personal der Siemenswerke ein halbes Jahr auf dem großen Kraftwerk Rummelsburg bei Berlin gearbeitet – ich sah es hier, aber in noch größerem Ausmaß, wiederholt. Nur eines war wieder seltsam: ein einziger Mann, anscheinend ein Amerikaner, saß in einem Sessel und blickte mit scharfen Augen umher. Er hatte durchaus keine schmutzigen Arbeiterhände, vielmehr war auch vor ihm nur eine Tischplatte mit vielen Knöpfen und Hebeln.

»Alles well, Mister Hollborn?«

»All right!«

Wir fuhren auf dem Gleitbande weiter. Diesmal mußte der Onkel ein System von Uhrzeigern stellen, ehe eine Tür aufsprang. Wir kamen in einen kleinen Raum, dessen Wände mit einer mir unbekannten Masse belegt waren. Ein großer Geldschrank stand hier und auch dieser mußte umständlich geöffnet werden, ehe ich eine Anzahl kleiner Kästchen sah.

»Weißt Du, was diese Kästchen enthalten? Das ist meine Armee.«

Wenn ich nur den Eindruck hätte überwinden können, daß dies alles ein Traum sei – oder – nein, wenn der Onkel ein Wahnsinniger war – der Lord –

Er schloß den Schrank und sagte ruhig:

»Jedes dieser Kästchen enthält ein Viertel Kilogramm Radium. Ich besitze zweihundert solcher Kästchen.« –

Wir sitzen wieder in dem Zimmer meines Onkels. Wir sitzen schon seit geraumer Zeit stumm gegenüber. Es war ein seltsamer Gegensatz in diesem Manne. Aufflackernde Energie, fast fanatische Lebhaftigkeit, ein eiserner Wille, als er dem Lord gegenüberstand, und dann wieder Augenblicke der Erschlaffung, Augenblicke, in denen sich Müdigkeit über dieses Gesicht senkte, in denen er mir fast leid tat. Ich hätte aufspringen und ihn umfassen mögen, wie ich es bei meinem Vater tat, als er krank war.

Wir saßen einander gegenüber und waren stumm. Der Onkel hielt den Kopf gesenkt und sah vor sich hin. Ich blickte ihn an und mir war, als ob wir sprächen, als ob dieser seltsame Mann,

von dem man bei uns nur wie von einem Abenteurer sprach, mir verwandt würde – als ob ich anfinge, ihn lieb zu haben.

Es mochte über dieser – fast möchte ich sagen – stummen Aussprache eine Stunde vergangen sein, da hob er den Kopf und sagte, als setze er nur einen langen Redesatz fort:

»Also, hast Du Lust, mein Mitarbeiter zu werden?«

Mir war, als wäre er mir vertraut geworden, ich hatte seltsamer Weise jeden Zweifel verloren.

»Wenn Du mich brauchen kannst.«

Er sah mich nicht an, aber er streckte mir seine Hand hin.

»Ich bin nicht mehr jung. Ich bin heut schon älter als Dein Vater geworden. Ich bin sechzig gewesen. Bin einsam durch sechs Jahrzehnte gegangen. Es wäre mir manchmal gleichgültig gewesen, wenn es weniger wurden – jetzt – ich habe Verantwortung – ich habe ein Werk, das mein Kind ist – ich brauche Hilfe aber – gut – wenn Du mein Mitarbeiter, wenn du vielleicht einmal mein Nachfolger werden willst, muß ich erzählen. Ich habe heute schon mehr gesprochen als sonst in Wochen – es muß sein. Du mußt es kennen lernen, erst das Werk, das ich schaffen will – dann mein Leben.

Ich weiß, Du hast mich für einen Irren gehalten – das tun alle – und ich bin es nicht. Du siehst hier eine Wüste. Unbrauchbares Land. Stiefkind der Mutter Erde. Was ist Wüste? Warum ist dieses Land Wüste? Weil ihm das Leben fehlt – Leben der Wüste ist Wasser. Warum bleibt mancher Mensch innerlich eine Wüste? Weil ihm das Wasser fehlt, um darin zu schwimmen, weil – ich wollte von meinem Werk sprechen.

Die Erde ist groß und ist dennoch klein. Millionen drängen sich dort zusammen, wo ihnen die Natur das Leben leicht macht, und streiten sich mit einander um mühsames Brot, anstatt zu erobern, was zu erobern ist.

Bringe Wasser in die Wüste, durchziehe sie mit Kanälen und das Erdreich wird fruchtbar. Löse die köstlichen Chemikalien hier in seit Jahrtausenden jungfräulich liegendem zerrottetem Gestein auf und sie werden zu köstlichem Humus. Nutze die Fruchtbarkeit der tropischen Sonne und hier, wo jetzt nichts ist, als trostlose Öde, werden blühende Gärten und Felder entstehen.

Du kannst es nicht? Menschenhände können es nicht? Du hast recht. Die Tropenglut lähmt die Muskeln, die nicht von Eisen sind. Nimm Muskeln von Eisen. Das war die große Lehre meines Meisters Aporius.

Nimm Maschinen, wo Menschen versagen. Siehst Du dort unten das Kraftwerk? Ich habe es vor einem halben Jahr erbaut. Ein einziger Mann kann es leiten und es schenkt mir die Kraft, um selbst das Flugzeug, mit dem Du gekommen, über das Meer zu mir zu ziehen.

Wer speist das Kraftwerk? Ein unterirdischer Strom. Auch dieses Land war nicht immer Wüste. Weißt Du nicht, daß man jetzt erkannt hat, daß sogar unter der großen Sahara ein unterirdisches Wasser besteht? Ein ganzes System von Flüssen und Seen? Weißt Du nicht, daß man Brunnen erbohrt hat, in denen Tiere gefunden wurden, kleine Wassertiere, die von weither stammen, die von diesen unterirdischen Strömen mitgerissen wurden?

Auch hier ist ein solcher Strom. Du weißt vielleicht, daß im Osten des Wüstengebietes, das ich kaufte, Berge sind. Hohe Berge mit saftigen Wäldern. Aus diesen Bergen kommt der Strom, er hat, als ich ihn fand, fast diese ganze Höhle erfüllt. Jetzt ist er gebändigt, jetzt stürzt er sich in meine Turbinen und speist sie und muß seine ungestüme Kraft hergeben, um mir den elektrischen Starkstrom zu liefern, der das Herz meines Werkes ist.

Nun der Plan. Selbst wenn es mir gelänge, hier die Wüste in fruchtbaren Boden zu wandeln – wo sollen die Menschen herkommen, ihn zu bearbeiten?

Wir sind hier in den Tropen, in denen der weiße Mensch nicht zu arbeiten vermag.«

Mein Onkel unterbrach sich und stand auf.

»Komm mit.«

Wir gingen in einen Nebenraum. Sobald wir eintraten, flammte auch hier das Licht auf. In der Mitte dieses Raumes stand ein kreisrunder Tisch, auf ihm eine Glasplatte und – unter dieser Glasplatte schien ein merkwürdiges Spielzeug zu sein. Etwa zehn Zentimeter unter der Platte war eine andere Platte. Nicht aus Glas. Sie war gelb wie Sand, und war mit einem ganzen Netz von Schienen umspannt. Alle diese Schienen vereinigten sich in der

Mitte in einem Punkt und auf diesen Schienen waren ganz kleine Pflüge und Sämaschinen. Merkwürdige Maschinen mit weit ausladenden Messern und wieder andere mit großen Kräften. Es sah aus, als hätte man hier alle landwirtschaftlichen Apparate in Miniaturform für ein Kind nachgebildet.

Mein Onkel drückte auf einen Schalter. Das Bild erhielt Leben. Die winzigen Pflüge glitten über die Schienen, es war, als ob sie den Boden auflockerten, die Fangmesser schnitten an der Erde entlang. Hinter den Pflügen kamen selbsttätig die Säer und streuten den Samen und hinter den Säern kamen die dunklen Kästen und ließen nach allen Seiten Wasser versprühen. Dann aber kehrten alle die Apparate zur Zentrale zurück, mein Onkel drückte einen anderen Hebel und jetzt verschoben sich die Schienen um eine Kleinigkeit und derselbe Kreislauf begann.

»Das ist das Erbe des Erfinders Wenzel Aporius. Das ist, was ich will. Warum soll nicht auf eine große, ebene Fläche übertragen werden können, was hier im Kleinen geschieht? Denke dir ein Netz solcher Schienen und darauf die Maschinen und denke weiter. Du hast Kunstuhren gesehen und Du weißt Bescheid mit dem elektrischen Strom. Denke Dir ein Uhrwerk, das nicht nur die Stunden, sondern auch die Monate und Tage anzeigt. Und nun – wenn zum Beispiel der erste Februar kommt, löst sich von selbst ein Kontakt aus und – der Bagger, der als erster den Boden aufwühlt, setzt sich in Bewegung.

Am zweiten folgt ihm der Säer, am dritten der Sprenger –

Ein einziges Kraftwerk, das gewissermaßen wie eine große Spinne im Netz sitzt, sendet automatisch alle Maschinen aus und der Mensch ist nicht mehr der Arbeiter, er ist bloß der Aufsichtsbeamte, der alle diese eisernen Arbeiter betreut und bewacht.

Denke Dir über das ganze Land, das ich erwarb, solche Spinnennester verbreitet, denke Dir Kanäle, die die Wüste in fruchtbares Land verwandeln, denke Dir den Boden mit Bergwerken unterwühlt, die seine Schätze heben, und denke Dir Industriestädte – gleichfalls Städte, in denen Maschinen für Menschen arbeiten, und von dieser Wüste wird Wohlstand ausgehen, die Luft wird mit gewaltigen Luftschiffen bevölkert sein, die in gekühlten Räumen, was wir erzeugen an köstlichen Früchten und Gemüsen, der alten Welt zutragen. Luftschiffe, die auch von uns aus gelenkt werden, und denke Dir, später in gleicher Weise alle Teile der Erde, die als Wüsten oder unter dem Mantel undurchdringlichen Urwalds nutzlos daliegen, in dieser Weise fruchtbar gemacht – es wird eine neue Zeit anbrechen auf dieser Erde. Der Mangel wird schwinden, der Kampf um das Dasein. Der Krieg wird von der Erde verschwinden, denn was sind Kriege anderes als der Kampf der Völker um ihre Nahrung. Ein Zeitalter der Freude, des Friedens –.«

[...]

Wir waren durch das ganze Höhlensystem gegangen. Ich habe diese gewaltige Kraftstation in all ihren Teilen bewundert. Eine Kraftstation ähnelt schließlich der anderen, nur diese war anders, denn sie war vollkommen auf automatischen Betrieb eingestellt. Sogar eine kleine Erdölquelle war ihr dienstbar gemacht und ließ durch sinnreiche Tropfer unaufhörlich ihre Öltropfen auf die Räder und Büchsen des Getriebes gleiten. Mister Hollborn hatte mich auch in eine ganz tief gelegene Kammer geführt, in der ein gigantisches Rauschen war. Da stürzte der bis dahin gebändigte Strom mit tosender Urgewalt aus seinem steinernen Rohre hervor und verschwand in einem anscheinend endlosen Abgrund.

Wir standen auch in der Küche. Hier war der eine der Diener, aber auch er hatte nichts zu tun als Aufsicht zu führen.

Mister Hollborn nickte lächelnd:

»Hier ist der erste Versuch gemacht, jenes Uhrwerk zu erproben, das dereinst gewissermaßen das Herz des ganzen Landes werden soll.«

Wir traten in eine große Höhle, deren Wände glatt geschliffen waren. In der Mitte stand ein elektrischer Herd, darüber waren allerhand Behälter an der Wand angebracht und jeder dieser Behälter hatte einen langen Arm mit einer tüllenartigen Öffnung.

Alles befand sich in Ruhe und der Diener hockte gleichmütig da und rauchte eine Zigarette.

Mister Hollborn zog lächelnd die Uhr:

»Dreiviertel zwölf, Mister, wollen Sie zusehen, wie unser Lunch bereitet wird?«

»Mit Vergnügen.«

Auch in dem Küchenraum war eine große Uhr; diese schlug und gleichzeitig ertönte ein schrilles Klingelzeichen. In demselben Augenblick schien die ganze Küche lebendig zu werden, und zunächst hörte man das laute Surren eines Räderwerks, dessen Betrieb jedenfalls von dem Uhrzeiger eingeschaltet war.

Auch der Herd wurde lebendig. Ein scharfes Glockenzeichen, dann glitt, von unsichtbarer Hand geschoben, ein Topf über die Feuerstelle, das heißt diese Feuerstelle war nur eine Platte, die von unten her elektrisch erwärmt wurde, ein Röhrenarm drehte sich über dem Kessel und ließ Wasser hinein fließen, gleichzeitig floß aus einer anderen Röhre Kakaopulver, bereits mit Zucker gemischt, in einer genau abgemessenen Portion in den Kessel, während sich von der Decke eine Quirlvorrichtung hernieder senkte. Als nach einigen Minuten der Kakao aufkochte, wurde der Kessel ebenso selbsttätig wieder von der Kochplatte zurückgeschoben.

Mister Hollborn führte mich wieder in den großen Maschinenraum.

»So wird das ganze Essen bereitet. So können Sie sehen, wie die Fleischstücke von automatisch getriebenen Messern geschnitten und auf die Pfanne geworfen werden. Sie haben recht, das alles ist vielleicht Spielerei, aber es ist eine sehr geistvolle Spielerei und sie hat ernsten Wert. Diese kleine Uhr, die alle diese Apparate in der Küche betreibt, ist der Beweis, daß auch die Verwirklichung der großen Pläne im Bereich der Möglichkeit liegt.«

[...]

Es ist wieder ein halbes Jahr vergangen.

Gleichförmige Tage und doch langsamer Fortschritt.

Ich habe bisweilen Angst um den Onkel. Er sitzt den ganzen Tag über seinen Plänen, gönnt sich nur wenige Stunden der Ruhe, und während der kühlen Nachtzeit sind wir oft zusammen unterwegs.

Heute war ein interessanter Tag.

Oberingenieur Morawetz hat die Starkstromanlage am Mount Russel vollendet. Wir sind alle dort versammelt gewesen.

Eine richtige Landpartie – der ganze Betrieb hat gefeiert. Auch Mormora, der Häuptling ist mit seinem ganzen Stamme geladen.

Es ist eigentlich sehr wenig zu sehen. In den spitzen Schornsteinkegel des Glasberges ist eine künstliche Höhle hinein gesprengt worden. Sie liegt über dem Eingang zum Bergwerk und der alten Aztekenhöhle. Wir haben sie so genannt, obgleich wir genau wissen, daß es keine Azteken waren, die sie einmal gebaut haben, aber wir wissen ja nicht, was das für Menschen waren, und die Skulpturen, die sie uns hinterließen, haben Ähnlichkeit mit den Bildwerken der Azteken.

In dieser neugeschaffenen Höhle hat Morawetz mit Helding zusammen die großen Maschinen aufgestellt, die von dem Starkstrom aus unserer Zentrale gespeist werden und die die Rindell-Matthews Strahlen erzeugen sollen.

Wir sind alle unten in dem Garten versammelt, der noch heute ebenso paradiesisch blüht und grünt wie damals, als ich ihn zum ersten Mal sah.

Wir haben eine ganze Anzahl kleiner Luftschiffmodelle gebaut.

Wir haben auch hier draußen eine Maschine aufgestellt, die ebenfalls vorübergehend mit dem Starkstrom verbunden ist und mit der wir diese kleinen Luftschiffmodelle, die natürlich unbemannt sind, zu lenken vermögen. Es ist dies dieselbe Erfindung, die bereits vor vielen Jahren der deutsche Erfinder Wirth lange vor dem Weltkriege auf dem Wannsee bei Berlin probierte.

Während des Krieges ist sie allerdings ganz anders ausgebaut worden. Sie besteht ganz einfach darin, daß in dem Flugzeug eine Empfangsstation eingebaut ist, die in ihrer Wellenlänge genau mit dem Sender unten auf der Erde abgestimmt ist und die ihrerseits jede gesendete Steuerbewegung durch ein sorgfältig ausgearbeitetes Relais überträgt, das wieder seinerseits die selbsttätigen Steuerungen, die unter Zuhilfenahme von Kreiseln stabilisiert sind, auslöst.

Natürlich sind auch diese kleinen Flugzeugmodelle recht kostspielige Dinger, aber darauf kommt es bei uns ja nicht an.

[...]

Es sind in gleichen Abständen vier mächtige, viereckige Türme errichtet. Sie sehen fast auch aus, wie Glashausberge. Ähneln aber auch großen Fördertürmen bei Bergwerken.

»Ich schalte jetzt ein.«

Der Onkel drückt auf einen Knopf. Allerdings ist längere Zeit durchaus nichts zu bemerken, dann sagt der Onkel:

»Nicht wahr, wenn Sie jetzt die Türme betrachten: Es bildet sich über ihnen bereits eine kleine Nebelschicht, und Sie werden in der glühenden Sonne, die jetzt auf den Türmen liegt, ganz gut das Vibrieren der Luft erkennen.«

Aller Augen richten sich auf die Türme. Sie sind jetzt alle vier mit einer ganz kleinen weißen Wolke gekrönt, aber von Minute zu Minute wird diese Wolke größer, beginnt sich dunkel zu färben, breitet sich nach allen Seiten aus. Große Fetzen dieser jetzt bereits schwarzen Regenwolke werden über den Platz getrieben, aber seltsamer Weise nicht nach der gleichen Seite, sondern nach der Mitte zu, gewissermaßen genau über den Kreis verteilt, über den unser Schienennetz gespannt ist, so aber, daß die vier Türme selbst immer von der Sonne beschienen bleiben und sich andauernd neue, erst weiße, dann dunkler werdende Wolken über ihnen bilden.

Eine halbe Stunde ist vergangen – eine Stunde – alles steht atemlos – der ganze Himmel ist schwarz von Wolken.

»Sie erlauben, daß ich jetzt regne.«

Keiner antwortet, der Oheim fingert an anderen Schaltern.

Einige Blitze. Donner grollen über uns. Und in demselben Augenblick klatscht der Regen hernieder, prasselt auf diesen trockenen Boden, spritzt uns in das Gesicht, springt in kleinen Perlen von der Erde wieder empor.

Unwillkürlich zieht der Lord seinen Rock enger um sich zusammen und der Onkel lächelt.

»Es war doch ganz gut, erhabene Lordschaft, daß ich diese Plattform mit einem Dach habe überdecken lassen. Sie glaubten, es sei nur für die Sonne – ich hatte es für den Regen berechnet. Nur eine kurze Geduld, ich habe die Türme bereits abgestellt, ich werde in der Nacht noch einmal regnen lassen, wir machen ja heute so eine Art Galavorstellung.«

Langsam wurde es Licht, die Wolken heller – der Regen verschwand, und es war wieder genau dasselbe Sonnenwetter wie vorher.

Der Lord sah meinen Onkel fassungslos an.

»Wie war das möglich?«

»Das ist im ganzen sehr einfach. Wolken entstehen dadurch, daß Wasser in der Hitze verdunstet. Sie können doch das sehr einfach an jedem beliebigen Teekessel probieren. Ich lasse also ganz feine Röhren in diesen Türmen in unzähligen kleinen Veräderungen emporsteigen. In diesen Röhren ist Wasser. Dieses Wasser wird bereits unterwegs auf elektrischem Wege erhitzt, strömt oben auf der Höhe der Türme ganz dünn über elektrisch erhitzte Platten, die es augenblicklich zum Kochen bringen. So steigt dieser Wasserdampf, immer wieder durch das nachfließende Wasser erneuert, in die von der Sonnenglut erhitzte Luft und ballt sich selbstverständlich zu Wolken zusammen.

So weit ist das alles ganz einfach, die Schwierigkeit kommt erst.

Sie haben jedenfalls gesehen, daß der ganze Kreis von einigen Luftschiffen umgeben ist. Es sind dies ganz gewöhnliche Fesselballons, aber sie stehen mit Starkstromleitungen in Verbindung und haben Vorrichtungen, durch die ich wiederum Wellen in die Luft hinaussende, die verhindern, daß meine künstlichen Wolken abgetrieben werden. Dann erzeuge ich durch elektrische Funken ein künstliches Gewitter, die Luft wird plötzlich abgekühlt und der Regen fällt nieder.

Alles in allem ein ganz natürlicher Vorgang, wenn nur die nötigen Maschinen und vor allen Dingen der Starkstrom vorhanden ist, der Wärme und Kraft liefert.«

[...]

»Wie war es möglich, daß Du vorhin jeden Gedanken des Lord und jeden seiner Einwürfe im voraus wußtest?«

Der Onkel schwieg einen Augenblick, überlegte, dann wandte er sich mir zu.

»Es ist richtig. Dir muß ich alles sagen. Junge, das ist das größte Geheimnis, das ich besitze. Nur Du sollst es wissen, denn Du bist Blut von meinem Blut, Dich habe ich lieb. Aber Du mußt mir Dein Ehrenwort geben, daß Du dieses Geheimnis hütest. Vielleicht verlange ich von Dir, daß Du es nach meinem Tode vernichtest und für immer begräbst.«

Er sprach so ernst, daß ich befangen wurde.

»Was ist das für ein furchtbares Geheimnis!«

»Ich verstehe, die Gedanken der Menschen zu lesen.«

»Onkel!«

»Das ist an sich nichts Merkwürdiges. Das ist nur eine ganz natürliche weitere Folge bereits bestehender Kenntnisse.

Du weißt mit dem Radio umzugehen. Du weißt, daß jeder Laut, daß die kleinste Bewegung durch den Ton der leisesten Stimme Wellen erzeugt, die in die Luft und in den Äther hinaus getragen werden. Auch jede andere Tätigkeit erzeugt solche Wellen, natürlich auch die Denkarbeit des menschlichen Gehirns.

Außerordentliche Hochspannungskräfte, wie ich sie hier durch meine Maschinen zur Verfügung habe, solche Kräfte, die mir die Gammastrahlen und die Strahlen Rindell-Matthews zur Verfügung stellen, vermögen diese unendlich feinen Wellen der menschlichen Gedanken so zu verstärken, daß sie eine ebenso unendlich empfindliche Membrane bewegen.

Freilich ist es dazu nötig, daß der Mensch, dessen Gedanken ich lesen will, und ich sowie mein Apparat in ganz enger Fühlung stehen. Deshalb habe ich Netzhemden machen lassen, in deren Gewebe ganz feine Drähte des neuen Metalls eingesponnen sind, und eben solche Metallfäden müssen in den Anzug verwoben sein. Liegt nun dieses Netzhemd am Rücken an, der Anzug und das Hemd wiederum an dem Netz, und kommt der Anzug mit der Lehne des Stuhles in Berührung, der den Apparat mit den erforderlichen Lampen und Vorrichtungen in seinem Inneren enthält, steht wiederum dieser Stuhl mit meinem Sessel durch eine Leitung in Verbindung und trage ich auf meinem Körper die gleiche, die Wellen leitende Kleidung, dann werden jene Wellen auf mich übertragen.

Du weißt, daß der Mensch nicht nur mit den Ohren hört, sondern daß die Gehörwellen auch durch die Knochen übertragen werden, so daß ein Schwerhöriger unter Umständen durch die Zähne zu hören vermag. So genügt es also, wenn die Membrane fest auf meinem Rückgrat anliegt, und ich bin so imstande, diese Schwingungen des fremden Gehirns auf dem Wege durch das Rückenmark wie gesprochenes Wort zu vernehmen.

Es könnte auf einfacherem Wege durch Kopfhörer geschehen, so aber, wie ich diese beiden Stühle hergerichtet habe, bin ich in der Lage, die Gedanken der Menschen, die auf jenem Stuhl sitzen, zu lesen, ohne daß sie es merken.

Darum verlange ich von jedem, der zu mir kommt, auch von Dir habe ich es verlangt, daß er die Wäsche trägt und die Anzüge, die ich ihm habe bereit legen lassen. [...]«

[...]

»Wieder eine Entdeckung, mein Lieber. Wissen Sie, was das dort ist?«

»Nein.«

»Das ist die erste wirkliche Ätherrakete, die, allerdings nicht von Menschen gesendet, in das Weltall emporsteigt.«

»Sie glauben?«

»Es ist gewiß. An sich sind Ätherraketen ausführbar. Die einzige Schwierigkeit ist, in genügender Weise einen Betriebsstoff mitzunehmen, der andauernd aus der hinteren Öffnung der Rakete ausströmt, auch dort, wo kein Luftwiderstand mehr ist, gewissermaßen eine kleine, künstliche Luftschicht bereitet und durch den gleichmäßigen Auspuff die Fortbewegung des Ätherfahrzeuges ermöglicht.

Alle bisherigen Stoffe, auch der Alkohol, sind ungeeignet.

Nur allein eine große Menge Radium wäre der gegebene Triebstoff. Sie sehen es dort. Wir haben zufällig, weil wir es gerade hatten, ein Gefäß gewählt, das sich auf beiden Seiten zuspitzt. An der jetzt nach unten gerichteten Spitze ist die Öffnung. Hier tritt das Radium mit der Luft in Berührung. Es verflüchtigt sich also langsam. Und dieser ganze ständige Strom, der den Metallkörper verläßt, treibt ihn vorwärts, wie Sie sehen, mit immer stärkerer Geschwindigkeit, wird ihn vorwärts treiben, bis über den Luftkreis der Erde hinaus und immer weiter in den unendlichen Weltraum.

Das ist die Ätherrakete, aber leider ist sie uns nutzlos. Uns und der Menschheit. Wenn auch vielleicht Sternwarten in den nächsten Stunden ein seltsames, ihnen unerklärliches Meteor die Erde werden verlassen sehen.«

[...]

Ich stehe auf dem hohen Turm, dem größten unserer Funk-türme, der jetzt bei der Zentrale errichtet ist, und blicke hinaus. Habe das Fernglas in der Hand und schaue in die Weite.

Jetzt sind schon sechs solcher großen Kreise, ein jeder mit dem Durchmesser von zweihundert Kilometern, in Betrieb. In jedem ist eine Plattform, von der aus die Maschinen dirigiert werden. Wir haben auf das Uhrwerk verzichtet. Jetzt ist um Elektropolis herum schon ein hübscher Eukalyptuswald. Wir essen Bananen, Mais und Gerste, die wir selbst ziehen; dort ziehen, wo früher die Steinwüste war.

Wir haben neue, gewaltige Pläne. Wir haben gesehen, daß, seitdem wir den Regen erzeugen, seitdem wir die Ätherstrahlen immer mehr in unserer Gewalt haben, auch das Klima anders ge-worden ist. Wir brauchen uns nicht völlig dem Willen unserer ei-sernen Arme unterzuordnen.

Der rastlose Geist meines Onkels hat neue Pläne ersonnen. Wir werden Städte erbauen. Industriestädte, die zwischen den Kreisen liegen, die zwischen ihnen das Land ausnutzen. Städte mit Häu-sern, die nicht wie in der Heimat Zentralheizung, sondern überall Zentralkühlung haben, um die herum wir Palmenhaine wachsen lassen werden. Deutsche werden in diesen Städten leben und schaffen. Unser Land ist so groß, viel größer als Deutschland.

Seitdem wir den Hafen und die Cambridgebucht verloren ha-ben, beschränken wir uns auf unsere Flugzeuge und Zeppeline. Wir haben keine Eisenbahnen erbaut. In rascher Folge ist das gan-ze Land, soweit wir es in Kultur nehmen, von einem ganz dichten Flugnetz überspannt. Wir bauen sie selbst, seit wir schon am La-dy Edith Lagoon das Eisenwerk erschlossen, und wir vermissen die Kohle nicht. Wir ziehen elektrische Energie aus den großen, sonnbestrahlten Steinflächen unserer Wüsten und zudem haben wir jetzt fünf unterirdische Ströme erbohrt, die uns Wasserkraft geben.

Unsere Flugzeuge fahren in schneller Folge. Während des Ta-ges werden Luftschiffe mit Kühlanlagen geschickt, während der Nacht die Personenschiffe. Wir haben für sie keine Führer, sie werden alle von den Zentralen nach demselben System gelenkt, das die Probierschiffe hatten, die wir herstellten, als wir die erste Strahlenwand um den Mount Russel erprobten.

Unsere Luftschiffe fahren sehr hoch, wenn sie nach Übersee wollen. Wenn sie unser Gebiet verlassen, wird auf Minuten die Strahlenwand unterbrochen, die es jedem Fremden unmöglich macht, unser Gebiet zu erreichen.

Man hat sich mit uns abgefunden in Canberra. Man beachtet uns nicht, man schweigt uns tot, weil man uns nicht vernichten kann. Man hat ein Märchen hinausgesandt in die Welt, daß seltsame Luftströme es unmöglich machen, das Innere zu überfliegen. Da die australische Regierung keiner anderen Nation erlaubt, Forschungen anzustellen, glaubt es die Welt, muß es glauben. [...]

Aus: HENRY FORD

Mein Freund Edison

[...] Im ersten Jahr kostete uns die Lampe etwa 1 Dollar und 10 Cents. Wir verkauften sie für 40 Cents, hatten aber nur etwa 20000-30000 Stück zur Verfügung. Im folgenden Jahr kostete sie uns 70 Cents, und wir verkauften sie zu 40. Wir hatten dafür bereits eine ansehnliche Stückzahl; im zweiten Jahr büßten wir mehr ein als im ersten.

Im dritten Jahr gelang es mir, meine Maschinen zu verbessern und die Verfahrensweisen zu ändern, so daß der Selbstkostenpreis der Lampe auf ungefähr 60 Cents fiel. Noch immer verkaufte ich sie zu 40 und verlor wieder mehr Geld als in jedem der beiden ersten Jahre, weil die Verkäufe rasch zunahmen.

Im vierten Jahr drückte ich den Selbstkostenpreis auf 37 Cents herab und brachte alles in den Vorjahren eingebüßte Geld in diesem Jahre herein. Schließlich senkte ich den Selbstkostenpreis auf 22 Cents und verkaufte die Lampe zu 40; ich ließ sie jetzt millionenweise herstellen. Nun hielten die Leute in Wall Street unser Geschäft für ersprießlich, beschlossen, es sich anzueignen, und übernahmen es auch wirklich.

Ein Umstand, der die Verbilligung wesentlich förderte, war, daß zur Zeit, als wir mit der Herstellung der Lampen begannen, eine der wichtigsten Hantierungen nur von besonders ausgebildeten Leuten besorgt werden konnte. Es handelt sich um das Versiegeln des Teils der Lampe, der den Faden in der Birne trägt, damals eine ziemlich heikle Arbeit, so daß es monatelanger Schulung bedurfte, bis jemand eine angemessene Anzahl Lampen pro Tag abfertigen konnte. Die Leute, die diesen Teil bearbeiteten, hielten sich dementsprechend für unersetzlich, wurden aufsässig, bildeten eine Gewerkschaft und stellten ihre Forderungen.

Da legte ich mich ins Mittel und sann nach, ob sich jener Teil nicht maschinenmäßig herstellen ließe. Ich tastete einige Tage und fand mich schließlich zurecht. Dann übertrug ich die Sache zuverlässigen Leuten und baute eine Versuchsmaschine; die Ergebnisse ließen sich gut an. Dann baute ich eine zweite Maschine, die mit großer Genauigkeit arbeitete. Bei meiner dritten empfahl sich die Gewerkschaft auf Nimmerwiedersehen. – [...]

Eben um jene Zeit (1878) wollte ich etwas Neues in Angriff nehmen. Professor Parker meinte, ich solle zusehen, ob ich nicht den elektrischen Strom unterabteilen könne, so daß er sich (wie Gas) einzelnen kleinen Einheiten zuleiten ließe. Neu war dieser Vorschlag nicht; denn ich selbst hatte im Jahre zuvor eine Anzahl Versuche für elektrische Beleuchtung angestellt, die ich aber des Fonografen wegen wieder liegen ließ. Ich beschloß, die Untersuchung wieder aufzunehmen und fortzuführen.

Bei meiner Rückkehr nach Haus verfuhr ich wie immer: Ich sammelte Tatsachen jeder Art. Diesmal handelte es sich um Gasbeleuchtungen. Ich verschaffte mir die Verhandlungen der Ingenieure der Gasgesellschaften, sowie die alten Hefte der technischen Zeitschriften über Gaslicht, und als ich alle Angaben beisammen und die New Yorker Gasbrennerverteilung durch eigene Beobachtung studiert hatte, wußte ich, daß das Problem der Unterabteilung des Stroms lösbar, und zwar wirtschaftlich zu lösen war.

Ich erkannte, daß eine elektrische Lampe, soll sie wirtschaftlich funktionieren, im allgemeinen mit dem Gasbrenner übereinstimmen müsse, und zwar zunächst in zwei Punkten: Sie müßte mäßiges Licht ausstrahlen und so gebaut sein, daß jede unabhängig von den andern erleuchtet und wieder ausgelöscht werden kann. Mit diesem Grundgedanken als Leitfaden machten wir uns nun abermals an unsere Experimente.

Die durch meine zahlreichen Versuche gewonnene Erfahrung führte zu der Schlußfolgerung: daß die einzige Lösung der Stromunterabteilungsfrage die war: Die Lampen müssen einen starken Widerstand abgeben und zugleich einen geringen Querschnitt (strahlende Fläche) besitzen. Auch müssen sie an einen »vielfachen Stromkreis« angeschlossen oder, anders ausgedrückt, voneinander unabhängig sein. Die Eigenschaften der Kohle waren mir wohlbekannt und ich wußte, daß, wenn man sie zu einem haarartigen Faden ausformen konnte, dieser eine relativ hohe Widerstandskraft bei (wie natürlich) kleiner Strahlfläche besitzen müsse. Würde aber ein so zerbrechlicher Faden mechanische Stöße und Temperaturen von 2000 Graden innerhalb von 1000 Stunden oder mehr aushalten, ohne zu zerbrechen?

Und dann: Ließe sich dieser Fadenkonduktor in einem Vakuum anbringen, das so vollendet konstruiert war, daß während aller dieser Stunden, wo er verschiedenen Temperaturen ausgesetzt war, kein Teilchen Luft Zutritt hatte, das ihn zerstören mußte?

Und nicht nur dies; die Lampe hatte, wenn sie endlich »konstruiert« war, nicht nur eine Laboratoriumsmöglichkeit, sondern war praktisch und wirtschaftlich verwendbar, billig und in großen Massen herzustellen, auch ohne Nachteile auf großen Strecken verschickbar. Diese Erwägungen und eine Menge anderer zweiten Ranges (trotz ihrer Wichtigkeit) ergaben zusammen ein Problem bedeutenden Umfangs.

Wie bereits erwähnt, fand ich, daß ich bei meinen früheren Versuchen Kohle nicht hatte verwenden können, weil die Stäbchen oder Streifen Kohle, die ich anwandte, obwohl sie viel größer waren als die »Fäden«, nicht standhielten, sondern in wenigen Minuten, selbst unter den damals erreichbaren günstigsten Bedingungen, verbrannten. Jetzt aber, wo ich die Mittel gefunden hatte, hochgradige Vakua zu erzielen und zu erhalten, kehrte ich sofort zur Kohle zurück, die ich von allem Anfang an als die Idealsubstanz für einen Brenner betrachtet hatte. Mein nächster Schritt erwies schlagend die Richtigkeit meiner früheren Folgerungen.

Ich beschloß, meine Theorie durch Benutzung eines Fadenbrenners zu prüfen, und meine alten Laboratoriumsnotizen erwiesen, daß es uns am 21. Oktober 1870 nach vielen Mißerfolgen endlich gelang, ein Stück baumwollenen Nähfadens zu verkohlen, dem wir die Form einer gebogenen Haarnadel gegeben hatten und den ich in eine Glasbirne einsiegeln ließ, aus der ich die Luft ausgepumpt hatte, bis ein Vakuum von 1/1000000 Atmosphäre erreicht war. Die Lampe wurde hierauf hermetisch versiegelt, von der Luftpumpe abgenommen und an den Strom angeschlossen.

Sie leuchtete auf; in den ersten Minuten atemloser Spannung maßen wir in aller Geschwindigkeit ihre Widerstandskraft und fanden, daß sie 275 Ohm betrug; das genügte. Dann setzten wir uns und betrachteten die Lampe. Wir wollten sehen, wie lang sie brennen würde. Das Problem war gelöst, wenn der Faden aushielt. Wir saßen also und schauten, und die Lampe brannte immer noch. Je länger sie glühte, desto mehr gerieten wir in ihren Bann.

Keiner konnte schlafen gehen, und ganze 40 Stunden lang taten wir kein Auge zu. Wir saßen und beobachteten mit einer Sorge, die doch allmählich in hochgemute Stimmung umschlug. Sie glühte nämlich etwa 45 Stunden lang, und ich erkannte, daß die praktisch verwendbare Glühlampe das Licht der Welt erblickt hatte. Ich wußte bestimmt, daß wenn diese etwas primitive Experimentierlampe ihre 45 Stunden glühte, eine andre leicht herzustellen war, die 100 Stunden, ja sogar 1000 brennen konnte.

Bis dahin hatte ich mehr als 40000 Dollars auf meine Beleuchtungsversuche verwendet; aber das Ergebnis brachte mehr ein als nötig war, um die Ausgabe zu rechtfertigen; denn durch diese Lampe entdeckte ich, daß Kohlefäden, hochgradige Vakua vorausgesetzt, wirtschaftlich gesprochen die Lösung waren und hohe Temperaturen aushalten konnten, ohne daß sie sich zersetzten und ohne daß Oxydierung eintrat, wie bei allen mir bekannten früheren Versuchen, einen Glühlampenbrenner aus Kohle herzustellen. Überdies besaß diese Lampe die auszeichnenden Merkmale hoher Widerstandskraft und geringer Strahlfläche, wodurch Ersparnisse bei den Konduktoren und der Strommenge für die einzelnen Brenner ermöglicht wurden: Bedingungen, die unabweislich zu erfüllen waren, wenn die Unterabteilung des Stroms für Beleuchtungszwecke Tatsache werden sollte.

Mit der Erfindung einer praktisch verwertbaren Glühlampe hatte ich aber erst die Schwelle eines ganzen Beleuchtungssystems überschritten, das es zu schaffen galt. Während wir unsre Experimente unablässig fortsetzten, um die Lampe selbst zu vervollkommnen, befaßte ich mich mit der Bearbeitung der hauptsächlichsten Teile jenes meines Systems. Vorarbeiten auf diesem Gebiete fehlten, und jene Stücke konnten nirgends käuflich erworben werden.

Es mußte also alles erst erfunden werden: Dynamos, Regulatoren, Strommesser, Schalter, Zünder, Beleuchtungskörper, unterirdische Konduktoren mit Verbindungskasten und eine Unmenge anderer Einzelheiten bis hinunter zum Isolierstreifen. Alles war neu und einzig in seiner Art. Der einzige Teil, der damals in Betracht kam und sofort beschafft werden konnte, war Kupferdraht; der aber war noch nicht gehörig isolierbar.

Mein Laboratorium befand sich in fieberhafter Tätigkeit, und wir arbeiteten unablässig, Tag und Nacht, Feiertags und Werktags. Ich hatte einen ganz ansehnlichen Stab beisammen, und meine Leute waren durch die Bank höchst zuverlässig und arbeiteten mit Schneid und Begeisterung. Wir erreichten denn auch in kurzer Zeit Erhebliches, und noch vor Weihnachten 1879 hatten wir bereits das Laboratorium, meine Amtsstube, mein Wohnhaus und andre Gebäude in einer ungefähren Entfernung von ein Fünftel Meile vom Dynamo, dazu einige Straßenlampen, elektrisch beleuchtet. Der Strom wurde durch unterirdische Konduktoren geleitet, die eigens dazu angefertigt und isoliert worden waren. [...]

GÜNTER GRASS

Abschied

Auseinandergehn
und das Licht ausdrehn
denn die Zeit ist knapp
und schon fast zu spät
fährt der D-Zug ab
bleibt der Bahnsteig stehn
wenn das Licht ausgeht
kannst du nichts mehr sehn
oder umgekehrt
bleibst du gleichviel wert
bleibt der Bahnsteig stehn
wenn der Zug abfährt
erst das Licht ausdrehn
dann nach hause gehn
es ist fast zu spät
oder umgedreht

GÜNTER GRASS

Kurzschluß

In jedem Zimmer, auch in der Küche, machte ich Licht.
Die Nachbarn sagten: Ein festliches Haus.
Ich aber war ganz alleine mit meiner Beleuchtung
bis es nach durchgebrannten Sicherungen roch.

Ich gehe lichtumflutet

Ich gehe lichtumflutet durch die Stadt
Und ahne nur die Nacht, die angsterfüllt am Himmel hängt,
Im grauen Tage bin ich nicht mehr eingeengt,
Die Augen streichen ohne Schmerz dahin, die Stirn ist glatt,
Und meine Hände greifen heißverlangend in den Wind.
Die um mich tragen Lächeln im Gesicht und hasten nicht mehr
bang,

Da alles Schatten ist, das morgen neu beginnt,
Und wünschen nur, daß ihre Stunde nicht verrinnt,
Und treiben in den Straßen so wie ich entlang.

Ein Strahlen von den Dächern, auf den Plätzen ein Gewirr, –
Es glänzt und dröhnt, und das ist Stadt bei Nacht!
Was vor dem Tage nicht bestand, ist nun zum Sein erwacht. –
Von überall schwimmt hastende Musik heran, betäubendes
Geschwirr,

An allen Wänden zucken bunte Lichterreihen,
Und hinter hellen Fenstern Lachen und Gesang!
Da kann ich, hingerissen, selbst dem Tag verzeihen
Und den Maschinen, die die Stunden meines Seins entweihen,
Und gehe wie im Taumel in der Stadt entlang.

GERRIT ENGELKE

Auf der Straßenbahn

Wie der Wagen durch die Kurve biegt,
Wie die blanke Schienenstrecke vor ihm liegt:
Walzt er stärker, schneller.

Die Motore unterm Boden rattern,
Von den Leitungsdrähten knattern
Funken.

Scharf vorüber an Laternen, Frauenmoden,
Bild an Bild, Ladenschild, Pferdetritt, Menschenschritt –
Schütternd walzt und wiegt der Wagenboden,
Meine Sinne walzen, wiegen mit!:
Voller Strom! Voller Strom!

Der ganze Wagen, mit den Menschen drinnen,
Saust und summt und singt mit meinen Sinnen.
Das Wagensingen sausebraust, es schwillt!
        Plötzlich schrillt
        Die Klingel!
Der Stromgesang ist aus –
Ich steige aus –
        Weiter walzt der Wagen.

Erwin Strittmatter

Kraftstrom

Zwei eingemauerte Schweine fordern, daß der alte Adam auf einem Morgen Sandland hinterm Hause Kartoffeln steckt, sie pflegt und erntet. Die Kartoffeln wandern durch die Schweine, werden zu Dreck, und er bringt den Mist aufs Feld, um neue Kartoffeln drauf zu stecken.

Er füttert die Hühner, hütet die Gänse, sägt und spaltet Feuerholz, schleppt zehn bis zwanzig Eimer Wasser täglich von der Pumpe hundert Meter hinter dem Hause, verwandelt sie zu Spülicht und schafft sie wieder hinaus. Mit einem Spaten belüftet er die Erdschwarte des Hausgartens, pflanzt und bejätet Gemüse, erzieht mit einer Schere das Fruchtholz der Obstbäume, schützt ihre Blüten mit Rauch vor den Frühlingsfrösten, achtet auf die wilden Wege des Enkels, hilft den Nachbarn, redet nicht viel, denkt lieber und arbeitet folglich mehr, als zu sehn ist, der alte Adam.

In Bettfedern gehüllte Braten auf blaßroten Beinen – das sind die Gänse. Weshalb fliegen sie um Martini nicht fort? Flügel haben sie doch genug! Der Mensch hat sie gezähmt, gezüchtet, gemästet, hat ihnen das Fliegen abgewöhnt. Ein verfluchter Zweibeiner, der Mensch!

Er veranlaßte die Hühner, ihre Lebensbahn vom Küken zum Suppenhuhn mit Eiern zu pflastern, verpflichtete sie, die Eier in Kisten und Körbe zu legen, stiehlt sie ihnen unterm Hinterteil weg und erreichte sogar, daß sie sich nicht wundern, wenn immer nur *ein* Ei im Nest liegt. Ein Auskenner, dieser Mensch!

Aus dem Unkraut Hederich züchtete er Rettiche und Radieschen, Kohlrüben und Kohlrabi, Rot- und Weißkohl, der Mensch, der Mensch! Er ist stolz auf ihn, der alte Adam.

Er ist um sechzig Sommer alt, und dreißig davon verbrachte er im Wald. Der Wald ist nicht mehr jene dunkle Pflanzenwucherung, in der die Götter von Uran und Urina hockten, in der Schlangen dem Menschen das von Mönchen gezüchtete Edelobst anbieten, wie wir's von den Paradiesbildern der alten Italiener kennen. Der Wald ist uns untertan, und wir, seine Beherrscher, pflanzen ihm die Bäume, vergiften ihm die Maikäfer, vertilgen ihm die Seggen, stutzen ihm die Geilkiefern und lichten ihn.

Eine große Kiefer fiel beim Holzen im Drehwind schlecht, streifte einen Nachbarbaum und brach dort einen dicken Ast ab. Der Ast fiel herab und zerschmetterte ein Knie, es war das rechte Knie des alten Adam. Um das Barbiergeld zu sparen, ließ er sich im Krankenhaus den Vollbart wachsen.

Er liebt den Wald. Aber so sagt man das auf dem Vorwerk nicht; man wirft dort nicht mit hohen Begriffen umher wie mit madigen Pflaumen. Also, der alte Adam kriecht gern im Wald herum. Er geht in die Pilze. Pilze sind keine Pflanzen, keine Eier, aber auch keine Tiere. Eine Sorte, die Grünlinge, wächst in den Wagengeleisen der Waldwege, dort, wo sich nicht einmal die Laus unter den Pflanzen, die Quecke, hintraut. Grünlingsgehäuse sind, wie mit Lineal und Zirkel konstruiert, aus Mahlsand. Unter ihren Hüten fertigen sie ein namenloses Grün an, lassen sich sauer kochen und schmecken gut, weiß der alte Adam.

Auf dem Weg laden Langholzkutscher Baumstämme ab. »Licht wird's geben!« sagt der Schwiegersohn, sagt es gelassen wie jener Alte in der Bibel: »Es werde Licht!« Ist der Mensch ein Gott? Es ist zu oft übers Licht geredet worden. Zwei Regierungen versprachen den Leuten vom Vorwerk Licht, und die neue Regierung ist erst zwei Jahre alt, der alte Adam glaubt nicht ans Licht.

Er wohnt im Haushalt der Tochter. Eine Kiste, in der sich neunzig Kubikmeter von Tabakrauch durchschossener Luft aufhalten könnten, das ist sein Stübchen. Zieht man den Luftraum ab, den Tisch, Schrank, Kommode und Bett einnehmen, kommt man auf fünfundsiebzig Kubikmeter Großvaterluft.

An den Wänden Fotografien, ein Rehbocksgehörn, ein Schauflergeweih und eine große Fünfundzwanzig aus versilberter Pappe. Im Kommodenschub Bücher, braun an den Blattecken vom nassen Umblättern.

Auf der braungetönten Tageslichtkopie über dem Bett eine ernste Frau mit einer Kindernase, die Adamin. Sie starb an Blutvergiftung. Auf einem anderen Foto: Er, die Frau und drei Kinder;

die Kinder wie von der Weide zum Fotografieren getrieben. Die Jungen fielen im Krieg. Der Teufel hol ihn! Die Kleine mit der großen Haarschleife ist die Tochter, bei der er wohnt. Auf einem schwarzgerahmten Foto: Er, jung und allein zu Pferd. Bespannte Artillerie 1905 Rathenow. »Auf, auf, Kameraden, aufs Pferd, aufs Pferd. Zur Erinnerung an meine Dienstzeit.«

Die Tochter, früher Stubenmädchen bei der Frau des Gutsbesitzers, die Bücher in der Schule schon sauber, ist Buchhalterin auf dem Volksgut; der Schwiegersohn Traktorist, auch auf dem Volksgut.

Die Zeit vergeht. Der Mensch mißt sie an seinem Leben. Der Traum vom Licht wird Wirklichkeit.

Es kommen fünf Männer, und die stellen ihre klapperigen Fahrräder an die großen Kiefern. Fahrräder, Stahlgestelle, Beine aus Blech, die den Menschen zum Schnelläufer machen, sind rar geworden. Es gibt keine Bereifungen aus elastisch gemachtem Baumharz mehr für sie. Die Menschen ringsum sind durch den Krieg wieder auf ihre Füße verwiesen worden. Beinfutterale, Schuhe, sind knapp, weil die Rinder knapp wurden. Erwachsene Leute haben mit Feuer gespielt und nicht nur Häuser und Ställe des Nachbarn angezündet. Das Feuer hat seine Gesetze.

Eine, wenn auch fünfzehnmal geflickte, Fahrradbereifung spart Schuhe. Verschlissene Reifen werden zu Schuhsohlen, und wenn sie in Fetzen von den Füßen fallen, wirft man sie an den Waldrand. Einer, der im Wald zu tun und zuwenig Mantel hat, macht sich mit ihnen ein Feuer und wärmt sich. Eins geht ins andre über, bis es uns aus der Sicht gerät.

Die Männer tragen verschossene Arbeitsanzüge. Wer weiß, wohin die blaue Farbe flog! Zum Mittag essen sie kalte Pellkartoffeln mit Rübenmarmelade. Sie graben Löcher am Wegrand, lassen ein bis zwei Kubikmeter Luft in die Erdrinde, und wo sie die ausgehobene Erde hinwerfen, muß die Waldluft weichen. Wo eins ist, kann das andere nicht sein. Sie setzen die Baumstämme mit den geteerten Enden in die Löcher, füllen die Löcher wieder mit Erde, und die Luft entweicht. Handel und Wandel.

Einer kehrt mit den Beinen ins Tierreich zurück, schnallt sich eiserne Krallen an die Holzschuhe und klettert in die ehemalige

Baumspitze. Die Gänse gehn auf das Grab von Adolf Schädlich, fressen die Begonien und düngen die Pelargonien mit ihren grünen Kotstiften; der alte Adam hat sie vergessen.

Der mit den Fußkrallen dreht dem kahlen Baum an der Spitze Porzellanlaub an. Alle fünfzig Meter ein Mast – anderthalb Kilometer bis ins Hauptdorf; der alte Adam ist Augenzeuge.

Zwei Tage bleiben die Männer fort, dann kommen sie als Turmakrobaten auf dem Luftwege zurück, und die kahle Lichtmastenallee schleppt zwei dünne Geleise zum Vorwerk für den, der da kommen soll.

In seinen Wortschatz nisten sich, neben anderen Neuworten, *Isolatoren* ein. Er spricht das Wort beim Abendbrot unüberhörbar aus. Die Familie staunt. Man könnte die Isolatoren Masthände nennen, mit denen sich die kahlen Kiefern den Draht zureichen, aber jede neue Erfindung schwemmt neue Namen und Begriffe in die Wortvorratskiste der Menschheit, und wer sich ihrer nicht bedient, wirkt lächerlich. Kann man die Elektrizität mit alten Worten anreden und Lichtbringerkraft nennen?

Er beginnt sich mächtig für die Elektrizitätsleitung zu interessieren. Als man das Hauptdorf mit einer Leitung versah, tat er's nicht, weil die schweren Bauern dort so genug prahlten mit dem, was sie besaßen. Sollte man sich unter ein Großbauernfenster stelln und das helle Licht bewundern? Jetzt würden die Hauptdörfler die Vorwerker nicht mehr *Funzelhocker* nennen können. Er bekam mächtig was übrig für die neue Regierung, der alte Adam.

Drei Häuser, vier Katen – das ist das Vorwerk, und jeder Behausung werden zwei Isolatoren ins Giebelgesicht gegipst. Zwei Tage später sind alle Häuser durch Drähte verbunden, sind miteinander verleint wie eine Koppel Jagdhunde.

Die Männer kriechen auf den Hausböden und in den Stuben umher. Das Haus erhält blecherne Eingeweide. Weißblechröhren rieseln von den Wänden, kräuseln sich in den Stubenecken und enden an den Raumdecken. Umsponnene Drähte hängen wie aufgelöste Schuhbänder aus den Blechröhren und lauern auf die Lampen.

Er drückt mit seinem borkigen Daumen auf das Schalterhebelchen, und die Glühbirne leuchtet auf. Etwas Mächtiges ist geschehn: Das Vorwerk ist durch zwei Nervenstränge mit der großen Welt verbunden, und der alte Adam glaubt an das Licht.

Es ist sündig hell in den Stuben am Abend. Sie zünden noch einmal die Petroleumlampen an und veranstalten einen Wettbewerb. Die Petroleumlampen geben ihr Hellstes her und mühn sich bis zum Blaken, doch sie können nicht gegen die kleine Glühbirne anstinken. Niemand achtet mehr auf die dunkelgelbe Traulichkeit des Petroleumlichts. Traulichkeit ist unausgereifte Helligkeit mit Petrolgasduft. Die Glühlampe ist eine Stubensonne und siegt. Der Enkel zählt die Haare auf seinem Handrücken. Die Tochter findet, man muß die Stube frisch weißen. Der Schwiegersohn stellt das neue Licht auf die Probe und liest im Buch über den Dieseltraktor. Der alte Adam prüft mit der Taschenuhr vor dem Elektrozähler, ob eine Kilowattstunde sechzig Minuten hat. Sie sind vor lauter Licht ein bißchen wie dummsig, die Leute auf dem Vorwerk.

Eine rätselhafte Kraft strömt ins Haus, doch bevor man sie nicht am Schalter in die Glühbirne drückt, ist ihre Wirkung nicht zu sehn. Was macht sie, wenn sie verborgen in den Drähten hockt? Die Vorwerkskinder wollen sie aufspüren. Sie ziehn mit einer nassen Bohnenstange zum Friedhofshügel; der Schädlich-Enkel stippt an den Draht.

»Wie ist es?«

»Wie Musik.«

Der Adam-Enkel probiert's, doch er hört keinen Ton. Er hat ein schweres Gehör und muß beide Drähte stippen, sagen sie ihm, und er tut es. Es gibt Funken, grüne und gelbe Funken, und der Enkel behauptet später, es habe auch rote gegeben. Die Stange fliegt ins Gras, und der Adam-Enkel liegt mit verbrannten Armen daneben. Die Kinder laufen davon; der Alte eilt herbei und bringt den schreckstarren Jungen mit Pfuhls Einspänner ins Kreiskrankenhaus.

Wenn sich Menschenerfindungen gegen den Menschen richten, weil er sie falsch handhabe, verflucht er sie. Der Urmensch Uran verfluchte das eingefangene Feuer, als er sich die Hände dran verbrannte. Der alte Adam flucht nicht; er denkt an seine Halbwüchsigenzeit:

Es war Herbst, schon kühl, sie hüteten die Großbauernrinder, zündelten ein Hirtenfeuer und wärmten sich. Sie erprobten, wer's von ihnen am längsten überm Feuer aushalte. Er war der kleinste, wollte sich beweisen und hockte über der Flamme, bis seine Hosen Feuer fingen. Er rannte, und der Luftzug brachte den Hosenbrand in Fahrt. Dann lag er im Gras, und die anderen löschten sein Hinterfeuer mit Maulwurfssand. Es gab Brandmale, die nicht zu sehen sind, weil sie in den Hosen stecken.

Auch als der Enkel gesund ist, kann der Alte von ihm nicht erfahren, was für eine Kraft die Elektrizität ist.

Im Frühling hilft er Grete Blume das Winterholz sägen, also zu einer Zeit, in der sich auch in Witwenaugen die Blüten der Sauerkirschen spiegeln. Grete Blume plaudert in der feurig-karierten Schürze von älteren Männern in Nachbardörfern, die sich ihrer Kräfte entsannen und wieder heirateten. Sie ist nicht nur Witwe, auch Brigadierin bei den Waldfrauen, sogar Aktivistin, und auch an diese Neuwörter hat der alte Adam sich gewöhnt, aber er kann sich nicht auf die Frühlingsreize seiner Sägepartnerin einlassen. Er will ihr gern behilflich sein, doch Weiterungen würde seine Tochter nicht dulden. Sie ist moralisch und wacht, daß er ihrer Mutter die Treue hält, und wer wird, wenn der Großvater sich verändert, bei ihr die Hausmädchenarbeiten verrichten?

Eines Abends sagt der Enkel: »Grete Blume kocht Kartoffeln elektrisch.« Das fährt in den alten Adam wie in einen Astronauten etwas Neues vom Mond.

Grete Blume zeigt ihm ihren Elektrokocher; glühende Drähte wie dünne Matratzenfedern; er sieht das Rädchen im Zählerkasten so schnell kreisen, als brennten drei oder mehr Lampen. »Wirst du aber mächtig in die Groschen greifen müssen«, sagt er.

Grete Blume schmollt: Das wäre nicht nötig, wenn sie jemand im Hause hätt, der ihr den Küchenherd einheizt, bevor sie von der Arbeit kommt. Der Forscher ist mit dem Elektrostrom beschäftigt: Der wird also zu einem flammenlosen Feuer, wenn man ihn durch Spiraldrähte treibt, und ersetzt sogar den Mann im Hause. Später wird er diesen Gedanken nicht mehr belustigend finden.

Die Elektrizität brachte ein weiteres Wunder aufs Vorwerk: Nachrichten, Theaterstücke, Vorträge und Wettervoraussagen. Man saugte sie mit einem Apparat und ausgespannten Drähten aus der Luft in die Stuben. Jede Familie für sich und nach Bedarf.

Bis in den Krieg besaß nur einer auf dem Vorwerk ein Rundfunkgerät. Die Elektrizität, um es zu betreiben, holte er sich in einem viereckigen Weckglas vom Fahrradflicker im Nachbardorf.

Adolf Schädlich stand auf dem freien Platz vor der großen Forstscheune, formte die Hände zum Schalltrichter und brüllte: »Gemeinschaftsempfang! Der Führer spricht!«

Eines Tages stritten sie sich beim Frühstück im Wald. »Einen Leitbock braucht nur das Herdenvieh; die Menschen haben Verstand und können miteinander verabreden, wohin sie gehn wollen«, sagte der alte Adam.

Dieses Frühstücksgespräch ziemte sich nicht für einen Hausmeister. Den Posten besetzte Adolf Schädlich. Dann geschah das Unglück im Wald, und Schädlich verkündete, die Vorsehung habe den alten Adam gefällt.

Schädlich rannte freiwillig in den Krieg und stolzierte im ersten Urlaub durch das Vorwerk, einen silbernen Tressenwinkel in der feldgrauen Einsamkeit seines Rockes. »Könn Sie nicht grüßen, Mensch?« brüllte er den hinkenden Adam an.

Schädlich besuchte den Oberförster, und der Hühnerhund biß ihn in den Hinterschenkel. Die Wunde zwickte, aber Schädlich winkte heldisch ab. Der Hühnerhund war ein Vorgesetztenhund.

Die Front war noch fern, und Schädlich war lange unterwegs. Die Tollwut flimmerte durch seine Blutkanäle und kam auf, als ihm auf einem Bahnhof ein Postsack vor die Füße fiel. Er verbiß sich wütend in den Sack, wurde arretiert und biß auf einer Frontleitstelle außerdem einen Obersten und einen Amtsleiter. Keine Rettung mehr! In einer schwarzen Holzuniform, die nur notdürftig auf seine Figur zugetischlert war, kehrte er aufs Vorwerk zurück und wurde auf dem tannumsäumten Friedhof begraben. Das war, als man den elektrischen Strom noch in Weckgläsern aufs Vorwerk trug.

Der alte Adam hört wissenschaftliche Vorträge und ist enttäuscht, wenn er nicht erfährt, was der elektrische Strom ist. Dann sucht er in der Zeitung, Spalte *Wissenschaft und Technik*. Die Tochter wird unruhig. Sucht der Vater nach Heiratsinseraten? Er wirft die Zeitung unzufrieden weg und schimpft auf die Redakteure, die Unbekanntes als bekannt voraussetzen und Bekanntes erklären.

Wenn eine neue Kraft erst da ist, gibt's Zeitspannen, in denen sie nur Quant für Quant in die Umwelt wirkt. Das sind die langweiligen Stellen unserer Geschichten. Wir überspringen sie und fahren bei den sichtbaren Veränderungen fort:

Der alte Adam sitzt auf dem Friedhof, sitzt dort auf einem Grab und ist sich selber nicht gut. Immer noch Löcher im Friedhofszaun. Es muß scheußlich sein, wehrlos unter der Erde zu liegen und sich mit Gänsedreck bestiften zu lassen! Er geht mit dem Spaten auf die Gänse los, er könnte sie erschlagen. Die Gänse stelln sich draußen auf, lugen in den Friedhof, bis er sich wieder gesetzt hat.

Er hat auf dem Grab von Adolf Schädlich gesessen. Ein kleines Entsetzen durchrieselt ihn, doch er verdrückt es.

Er setzt sich aufs Grab seiner Frau. Es rauscht in den Blautannen. Dieser Nachsommerwind, wenn er keine Widerstände fände, wäre er nicht zu spüren! Ähnlich beim elektrischen Strom. Er weiß noch immer nicht, was dieser Strom ist, doch seine Wirkungen hat er an sich selber erfahren...

Fünf andere Elektriker kamen, hatten Motore an ihren Fahrrädern und waren schnell wie galoppierende Pferde. Sonst ging alles wie damals: Jeder Mast zwei Isolatoren; zwei weitere Drähte, und die Häuser erhielten einen zweiten Anschluß. »Endlich Kraftstrom!« sagte der Schwiegersohn und kaufte einen Pumpenmotor. Das Haus erhielt ein Gekröse eiserner Eingeweide von unten her, und das Wasser kam unter menschliche Bevormundung, mußte in dünnen Röhren die Wände hinaufkriechen. Druckkessel, Spülstein und Wasserhähne – das erste Wasser, das in der Küche gezapft wurde, nötigte ihm noch ein Loblied auf den listigen Menschen ab, dem alten Adam.

Aber die großen Kümmernisse keimen unerkannt; man erkennt den Stein nicht, an dem man sich in der Zukunft das Bein brechen wird.

Die Wassereimer wurden zu den Petroleumlampen auf den Hausboden gebracht, und ihre von Hornhaut polierten Griffe sehnten sich dort im Dunkel nach den Händen des alten Adam. Wer kann es wissen?

Nachbar Pfuhl, der Bodenreformbauer, kaufte einen Motor für seine Dreschmaschine, und fortan wurde der Alte nicht mehr zum Treiben der Göpelpferde geholt, aber immerhin durfte er nach dem Dreschen noch die Saatreinigungsmaschine drehn. Dann wurde die Genossenschaft der Bauern gegründet; Pfuhls Dreschmaschine und der Dreher der Saatreinigungsorgel wurden überflüssig. Für den Dreschmaschinenmotor fand man Verwendung, für den alten Adam nicht. Der Motor wurde mit einer Kreissäge gekoppelt, und mit der Motorsäge zerkleinerte man das Winterholz für alle Einwohner des Vorwerks in wenigen Stunden. Aus war's mit dem Holzsägen im Frühling bei Grete Blume!

Aber noch waren der Hausgarten, die Schweine und das Federvieh da. Schweigsam nahm er den Kampf mit der überflüssigen Zeit auf.

Der Enkel lernte Elektriker in der Stadt. »Weißt du jetzt, was der Elektrostrom ist?« fragte der alte Adam. Der Enkel wußte es nicht.

Ein neues Weltwunder war in der Kate; ein Apparat von der Größe einer Hühnerversandkiste, eine Seitenwand aus Glas. Der elektrische Strom lockte lebende und sprechende Bilder aus aller Welt auf die Glaswand. »Großvater soll noch was vom Leben haben«, sagten die jungen Leute.

Sie wuschen sich nur notdürftig, wenn sie von der Arbeit kamen, schlangen das Abendbrot hinunter und saßen wie eine Wand vor dem Spielkasten. Er mußte mit dem zufrieden sein, was er von hinten erspähte: Reitende Mongolen, ein dicker Berliner ohne Humor spielte Komiker, Ernteschlachten und Hochwasser, Bagger, so groß wie Kirchen, die von einem Menschen bedient wurden, Oberliga und Eisenhüttenarbeiter, die vom Staatsrat mit Medaillen ausgezeichnet wurden, Wettreiten – jeder im Lande hatte seine Stelle, seine befriedigende Arbeit, nur er nicht, der alte Adam.

Die jungen Leute wurden vornehm und schafften die Schweine ab. Tochter und Schwiegersohn hatten Pökelfleisch und hartgeräucherte Wurst satt. Das Kartoffelland brauchte nicht mehr bestellt zu werden.

Die jungen Leute gingen auch auf die Hühner los. Er konnte aus seinem Ställchen keine Wintereier von ihnen liefern. Wintereier wurden den Hühnern in temperierten und elektrisch beleuchteten Ställen auf den Genossenschaftsfarmen entlockt.

Die Tochter brachte im Frühling frische Wirsingkohlköpfe aus dem Konsum. Er hatte seine Wirsingkohlpflanzen erst gesetzt. Kopfsalat und Kohlrabi – alles zu spät, zu spät. »Was soll der Hausgarten noch?« Die Tochter beachtete die Hände nicht, die sich unterm Tisch versteckten, die Hände des alten Adam.

Man ließ ihm nur die Gänse, die er am wenigsten leiden konnte. Behielt man sie der Bettfedern oder seinetwegen? Er wurde noch schweigsamer, wandte sich wieder dem vertrauten Walde zu, ging in die Pilze, verkaufte sie in der Sammelstelle. Aber ging's ihm darum, Pilze in bedruckte Zettel zu verwandeln?

Im Frühling entsann er sich der Ermunterungen Grete Blumes. Es war ein warmer Abend. Der Flieder sandte sein duftendes Gas aus, und der Vermehrungsdrang schrie aus den Käuzen, als er bei Grete Blume anklopfte. Ein Herein und ein Kichern klangen ihm entgegen, und das war zu verstehn: Es saß ein verwitweter Umsiedler aus dem Hauptdorf hemdärmelig in Grete Blumes Küche, und sie aßen miteinander elektrisch gekochte Pellkartoffeln und Sülze.

Auf dem Heimweg war Müdigkeit wie nach einem langen Marsche in seinen Füßen. Der Fliederduft drückte seine Schultern nieder, und im Balzruf des Kauzes hörte er Hohn.

Das war im letzten Frühling. Jetzt ist Sommerkehraus mit schrägstehendem Licht und abnehmendem Grün. Er scheucht noch einmal die Gänse aus dem Hof der Toten. Die Gänse morsen sich etwas zu und tun, als ob sie sich zum See hinwenden.

Er bleibt vor einem Grabstein, jenem praktischen Leichenschutz aus den Tagen Urans, stehn und liest die dem Toten zugedichtete Inschrift:

Das Uhrgetack, der Stundenschlag

Nähn Zeit aus Stille, Nacht und Tag;
Der Mond tut einen Tritt,
Der Tod tappt mit.

Er fängt unter der großen Douglasie an zu graben, hebt das grüne Lächeln der Erde, die Grasplaggen, aus und schichtet sie. Eine Altmännerträne, schwer vom Salz der Erfahrung, hängt an seinem Vollbart wie eine Tauperle an einer Baumflechte. Sie fällt, wie alles, was der Schwerkraft der Erde gehorchen muß, in den krümeligen Humus und versickert.

Sommeranfangs war er ins Dorf gegangen und hatte um eine Stelle als Viehhirt gebeten. Der Melkermeister und Vorsteher der langen Genossenschaftsmilchfabrik klopfte ihm die Schulter und zeigte auf den Krückstock, aufs lahme Bein des alten Adam.

Er verfiel darauf, Heilpflanzen zu sammeln und sie auf Kuchenbrettern zu trocknen. Eines Tages brachte er sie auf den Fußsteig vor der Kate, weil die Sonne dort günstig stand, und der Schwiegersohn fuhr mit seinem Moped über die Teebretter.

Es gab keinen Zank, aber einen Seufzer und gleich darauf ein kleines Feuer auf dem Anger. Eine Menge Gesundheit flog mit dem Rauch davon.

Der Adam-Enkel war jetzt Elektriker in einem Atomkraftwerk. Er arbeitete gut, war zum ersten Mai ausgezeichnet worden, doch daheim war er – Musik, Musik und Fieber. Ein Rundfunkempfänger von Zigarettenschachtelgröße arbeitete an seinem Handgelenk. Musik aus dem Handgelenk. Der Strom für die Schachtel kam aus Batterieröllchen, nicht stärker als Gänsestifte. Posaunen und Stopftrompeten verscheuchten ihm die eigenen Lieder. Daraus entstand jenes Fieber, das den Alten am Enkel beunruhigte.

Der junge Elektriker brachte eine Verkäuferin aus dem Waldstädtchen. Sie hielten einander umschlungen, verrenkten Beine und Hüften, kamen trotzdem vorwärts und gingen zum See hinunter. Mit den ratternden Musikschachteln an ihren Handgelenken tauschten sie Gefühle aus, lächelten, ließen einsilbige Laute hören, waren glücklich auf ihre Art, und die mußte nicht schlecht sein, nur weil der alte Adam sie nicht verstand.

Die Verkäuferin, das Kind, sollte ein Kind haben.

Man holte sie in die Adam-Kate. Sie sollte vor der Geburt des Kindes noch haushalten lernen.

Kein neues Weltwunder in der Kate, die künftige Schwiegertochter mit Fernsehnamen Beatrix. Ihr Gesicht war blaß, ihr Haar war gebleicht; sie trug ihren wachsenden Bauch mit Widerwillen durch die kleine Welt und hielt sich die Nase zu, weil ihr der Pfeifenrauch nicht bekam. Der alte Adam deutete die Schwangerschaftsübelkeit auf seine Weise: Für die ganz Jungen hatte er schon Leichengeruch. Er wich der kleinen Bea aus, doch sie schien ihn mit ihrem ausgebeulten Röckchen zu verfolgen. Eine gefüllte Knospe schickte sich an, ein gelbes Herbstblatt vom Aste zu stoßen.

Sie schlief beim Staubwischen auf dem Sofa ein, schlief überm Kartoffelschälen und am liebsten im Bett der versteckten Großvaterstube, die kleine Bea. Auch Urina suchte wohl einst die warme Höhle auf, wenn der Bär abwesend war. Bea schlief, und der kleine Apparat an ihrem Handgelenk arbeitete. So fand er sie, als er am Mittag aus dem Wald kam. Sie erwachte vom Pfeifendampf, hielt sich die Nase zu, bastelte mit der anderen Hand am Turm ihrer Haare, gähnte und sagte: »Hübsch werden wir hier wohnen.«

Da hatte er's aus der Quelle: Man wartete auf seinen Tod. Sie sollten nicht lange zu warten haben!

Jetzt gräbt er sich sein Grab, setzt eine vielgebrauchte Redensart in die Tat um. Er gräbt, und kleine Steine schrein auf, wenn das Spatenblatt sie berührt... Man geht zum See hinunter, man ist gottlob kein Schwimmer, man geht ohne Umschweife unter. Vielleicht bekommt das Herz einen Schlag vom kalten Wasser, bevor man den grünen Algenschlamm schlucken muß. Man stampft bis hinter das Röhricht, sinkt bis an den Hals und tiefer. Der taubenblaue Himmel wird mit blaßgrüner Dämmerung vertauscht; ein Aal rankt sich an einem hoch, benutzt den Wasserstrudel, um in den schluckenden Mund zu schlüpfen...

Aber soweit ist's noch nicht. Er hat die Bücher mit den braunen Blattecken aus dem Kommodenschub gelesen, er kennt Geschichten. Er will den jungen Leuten seinen Tod ankündigen, will den kleinen Pumpenmotor im Keller zerschlagen gehen. Er wird

dem Drachen Elektrizität damit nicht einen einzigen Kopf ab-
schlagen, aber dieses kleine Rätsel sollen die jungen Leute von
ihm haben.

Er geht zum Weg hinunter, tritt an die Wiese und steht vor einem Wunder: Die Genossenschaftsweide ist bis an den Hochwald
von einer niedrigen Elektroleitung umspannt. Eiserne Pfähle, Isolatoren und Drähte – eine Stromleitung im kleinen.

Ein moderner Tod. Man hatte nur nötig, den Hängestrick zu
berühren. Er packt den oberen Draht mit der bloßen Hand, erhält
einen elektrischen Schlag, doch der ersetzt den Tod im See nicht.

Drei Hektar elektrisch umrandete Weide, und auf der Mitte
grast die Milchrinderherde. Man hat den elektrischen Strom zum
Hirten gemacht, während man Adam auf den Ausschußhaufen
der Menschheit warf.

Die Neugier, jene listige Lebensverlängerin, erwacht in ihm.
Die Elektrizität liegt ihm zu Füßen. Er muß herausbekommen,
was der Elektrostrom ist, er muß!

Ein Kästchen auf rotem Eisenpfahl. Es knackt und tackt drin,
als ob sich ein Specht ins Freie hacken wollte. Pfahl und Kästchen
unter einem Baum in der Wiese. Also, von hier geht der Strom
aus, von hier. Er entdeckt einen Schalter am Kästchen, drückt
drauf, und das Tacken verstummt. Die Leitung ist stromfrei.

Es beginnt ihm Spaß zu machen, sich mit dem Strom zu unterhalten. Er schaltet ihn ein, er schaltet ihn aus, setzt ihn mit einem
Fingerdruck als Wächter ein und wieder ab.

Jeden Tag ist er am Weidezaun, aber eines Tages liegen die
Drähte zerrissen auf der Erde. Wildschweine sind nachts hin-
durchgegangen. Die Rinder sind ausgebrochen und stehn auf
dem Wege oder grasen im Wald. Er kann sie nicht zurücktreiben;
er nicht mit seinem lahmen Bein. Er humpelt ins Dorf und meldet
den Vorfall.

Der Genossenschaftsvorsitzende kneift die Augen zu. Ein Ein-
fall rauscht von irgendwoher heran: Könnte der alte Adam nicht
den Posten eines Weidewärters übernehmen, auch die Kälber-
und Jungviehweide überwachen? Eine dicke Bezahlung ist nicht
zu erwarten, aber Adam kann sich nützlich machen. Acht Tage
Bedenkzeit!

Der alte Adam braucht keine Bezahlung, der alte Adam braucht keine Bedenkzeit. Der alte Adam braucht Raum im Hauptdorf.

Ein Traktor fährt vor die Adam-Kate. Zwei Traktoristen räumen eine Stube aus, bringen sie auf neunzig Kubikmeter Luftraum. »Was soll das?« Die jungen Leute gehn auf den Großvater los. »Ihr kriegt noch zu wissen, wie es ist«, sagt der alte Adam. Auf dem Sofa schläft mit vorgerecktem Bauch die blasse Bea. Ein Saxophon und ein Schlagzeug arbeiten an ihrem Handgelenk.

Er klettert auf den Zweitsitz des Traktors. Die jungen Leute winken – der Nachbarn wegen. – Es gibt kein Gesetz, das vorschreibt: Du sollst in der Stube sterben, in der du geboren wurdest!

Kälber-, Jungvieh- und Milchrinderweide – er muß sie alle belaufen. Wenn Rehe oder Wildschweine die Drähte auf ihren Nachtgängen zerreißen, muß er sie flicken. Die Isolatoren müssen heil und die Akkumulatoren gefüllt sein. Ein anfälliger Gesell, der elektrische Hirt, er stolpert über Grashalme und hat einen ständigen Pfleger nötig.

Die Welt braucht ihn wieder, den alten Adam.

Aber was der Elektrostrom ist, weiß er immer noch nicht. Er hält den Enkel an, der auf dem Motorrad mit der halben Geschwindigkeit einer Flintenkugel zur Arbeit flitzt. Keine Musikschachtel mehr am Handgelenk des Jungen. Die Musik des neuen Menschenkindes in der Kate hat sie verdrängt. Jede Jugend hat ihren Überschwang. Die Alten fürchten, er könne verderben, was sie mit ihrem Planeten planten, aber der Planet ist rund und bewegt sich.

»Frag endlich deine Ingenieure, was der Elektrostrom ist!« sagt der Alte.

Der Enkel wagt nicht mehr, den Großvater zu belächeln. Es ist genug Schande geschehn. Er sieht in der Werkbibliothek im Lexikon nach und lernt die Antwort auswendig: »Elektrizität ist die Gesamtheit der Erscheinungen, die auf elektrischen Ladungen und den von ihnen ausgehenden Feldern beruhen.«

»Die Kuh frißt Gras und gibt Milch, und daher kommt sie. Ist das eine Antwort?« fragt der alte Adam. Er ist unzufrieden mit den Ingenieuren. Er muß den Elektrostrom selber weiterbelauern. Der ist nichts Fremdes: verwandelte Kohle, verwandelte Fließkraft des Wassers, verwandeltes Uranerz aus den Bergen der Erde. Er ist nicht fremder als der Wind, den die Segelschiffer morgens dankbar begrüßen.

Das gibt ihm mächtig zu denken, das macht ihn glücklich. Aber so sagt man das auf dem Vorwerk nicht; man wirft dort nicht mit hohen Begriffen umher wie mit madigen Pflaumen. Der alte Adam ist mächtig am Leben.

Elektrisches Lächeln

Gesichter
aus dem Spiegel gestiegen
von der Uhr in die
Gasse gejagt

Das elektrische Lächeln
wird aufgedreht

Komm
es ist Zeit
elegisch zu sein
eine Minute

Schon wird das
elektrische Lächeln
ausgeschaltet
schon mußt du einsteigen
in den Rhythmus der Räder
schon fährst du
auf Schienen
elektrisch geladener Stunden

ROSE AUSLÄNDER

Lethe

Elektrischer Engel
im Strom ohne Flügel
Drachen aus Waldweh und Leim
über der Tragik
unfertiger Finger
Masken halten in Atem
die Bühne berauscht
vom jauchzenden Vakuum
Stunden aus Sternen
im Netz der Nacht
in den Eingeweiden der Wurzeln
Dämonen brauen
Lethetrank
mächtig
im Vergessen
Schemen lehnen
an die Hüfte
Saturns

ROSE AUSLÄNDER

New Yorker Weihnachten

In erträumten Türmen
läuten Glocken Mirakel

Läden fiebern
aus Drehtüren rollen Lieder
in den Tumult

Tannen lächeln
elektrische Liebe

Taube weihnachtsweiß
deine Botschaft
in welchem Reich
freundlich aufgenommen
auf welcher Tanne wächst
dein Gefieder

Die verschollenen Könige
kommen heute nach New York
mit magischen Geschenken
Sie pilgern nach Harlem
zu den Spirituals
verbrüdern sich im Hafen
mit der Mannschaft gescheiterter Schiffe
verloben sich in der Bar
mit Branntweinbräuten

In imaginären Türmen
läuten Glocken Mirakel

MAX FRISCH

Vorkommnis

Kein Grund zur Panik. Eigentlich kann gar nichts passieren. Der Lift hängt zwischen dem 37. und 38. Stockwerk. Alles schon vorgekommen. Kein Zweifel, daß der elektrische Strom jeden Augenblick wieder kommen wird. Humor der ersten Minute, später Beschwerden über die Hausverwaltung allgemein. Jemand macht kurzes Licht mit seinem Feuerzeug, vielleicht um zu sehen, wer in der finsteren Kabine steht. Eine Dame mit Lebensmitteltaschen auf beiden Armen hat Mühe zu verstehen, daß es nichts nützt, wenn man auf den Alarm-Knopf drückt. Man rät ihr vergeblich, ihre Lebensmitteltaschen auf den Boden der Kabine zu stellen; es wäre Platz genug. Kein Grund zur Hysterie; man wird in der Kabine nicht ersticken, und die Vorstellung, daß die Kabine plötzlich in den Schacht hinunter saust, bleibt unausgesprochen; das ist technisch wohl nicht möglich. Einer sagt überhaupt nichts. Vielleicht hat das ganze Viertel keinen elektrischen Strom, was ein Trost wäre; dann kümmern sich jetzt viele, nicht bloß der Hauswart unten in der Halle, der vielleicht noch gar nichts bemerkt hat. Draußen ist Tag, sogar sonnig. Nach einer Viertelstunde ist es mehr als ärgerlich, es ist zum Verzagen langweilig. Zwei Meter nach oben oder zwei Meter nach unten, und man wäre bei einer Türe, die sich allerdings ohne Strom auch nicht öffnen ließe; eigentlich eine verrückte Konstruktion. Rufen hilft auch nichts, im Gegenteil, nachher kommt man sich verlassen vor. Sicher wird irgendwo alles unternommen, um die Panne zu beheben; dazu verpflichtet ist der Hauswart, die Hausverwaltung, die Behörde, die Zivilisation. Der Scherz, schließlich werde man nicht verhungern mit den Lebensmitteltaschen der Dame, kommt zu spät; es lacht niemand. Nach einer halben Stunde versucht ein jüngeres Paar sich zu unterhalten, so weit das unter fremden Zuhörern möglich ist, halblaut über Alltägliches. Dann wieder Stille; manchmal seufzt jemand, die Art von betontem Seufzer, der Vorwurf und Unwillen bekundet, nichts weiter. Der Strom, wie gesagt, muß jeden Augenblick wieder kommen. Was sich zu dem Vorkommnis sagen läßt, ist schon mehrmals gesagt. Daß der Strom-Ausfall zwei Stunden dauert, sei schon vorgekommen, sagt jemand. Zum Glück ist der Jüngling mit Hund vorher ausgestiegen; ein winselnder Hund in der finsteren Kabine hätte noch gefehlt. Der Eine, der überhaupt nichts sagt, ist vielleicht ein Fremder, der nicht genug Englisch versteht. Die Dame hat ihre Lebensmitteltaschen inzwischen auf den Boden gestellt. Ihre Sorge, daß Tiefkühlwaren tauen, findet wenig Teilnahme. Jemand anders vielleicht müßte auf die Toilette. Später, nach zwei Stunden, gibt es keine Empörung mehr, auch keine Gespräche, da der elektrische Strom jeden Augenblick kommen muß; man weiß: So hört die Welt nicht auf. Nach drei Stunden und elf Minuten (laut späteren Berichten in Presse und Fernsehen) ist der Strom wieder da: Licht im ganzen Viertel, wo es inzwischen Abend geworden ist, Licht in der Kabine, und schon genügt ein Druck auf die Taste, damit der Lift steigt wie üblich, wie üblich auch das langsame Aufgehen der Türe. Gott sei Dank! Es ist nicht einmal so, daß jetzt alle beim ersten Halt sofort hinaus stürzen; jedermann wählt wie üblich sein Stockwerk.

LUDWIG FELS

Schnell noch ein Gedicht

schnell noch ein Gedicht
bevor das E-Werk
den Strom sperrt oder teurer macht
ich leb gern in der Nacht
leicht angetrunken eins mit mir
wissend von der nackten Frau im Bett
schnell noch ein Gedicht
über ihre schläfrigen Ahnungen
& mit Blicken die Fliege verfolgen
die unterm Lampenstoß kreist
& Eier zwischen die Papierstöße legt
schnell noch ein Gedicht
bevor der Wecker schrillt
& mein müdes Gesicht
übers Waschbecken jagt
wo sich das Frische am Tag
aus der Zahnpastatube kringelt
schnell noch ein Gedicht
während jemand in der Küche Brote streicht
auf die ich keinen Hunger habe
& Pergamentpapier raschelt
& Autos schneller & lauter werden
schnell noch ein Gedicht
aus der Schreibmaschine locken
die Muse in die Tasten hauen &
am Verstand gepackt
durch den Verkehr geschleift

Chicago war eine Messe wert

Wer, wenn er Chicago hört, dächte nicht sofort an die Schlachthöfe, Gangster und an Frankfurt am Main. Hier müssen Korrekturen gemacht werden.

1. Schlachthöfe gibt es kaum noch in Chicago. Das Vieh wird heutzutage gleich auf der Weide geschlachtet und versandfertig gemacht. Rentabler. Und was

2. die Gangster anbelangt, die sind so saturiert und solche große Herren, daß sie es sich erlauben können, jeden ungestraft niederzuknallen, der es wagen wollte, sie Mörder zu nennen. Wahrscheinlich bin ich manch einem von ihnen in Chicago begegnet, aber sagen zu können, das ist einer und der ist keiner, das ist unmöglich, weil die Guten und die Bösen in Chicago zum Verwechseln ähnlich sind. (Was übrigens an Frankfurt erinnert.)

3. In Frankfurt am Main hat man viel eher das Gefühl, in Chicago, als in Chicago das Gefühl, in Frankfurt zu sein.

Was mir zuerst auffiel: überall Leuchtreklame! Am Vormittag! Muß man erlebt haben. Am hellen Vormittag! Die vollen Leuchtreklamen, wie sie bei uns erst in Tätigkeit treten, wenn es an der Zeit, also dunkel ist. Und nicht aus Vergeßlichkeit haben sie das brennen lassen, i wo. Wer erzogen worden ist, daß der letzte, der den Raum verläßt, die Lichter ausmachen muß –. Die Stromrechnung!!! Außerdem erhellt eine am hellichten Tag leuchtende Lichtreklame leicht etwas Perverses. Zirkusclown unabgeschminkt vor dem Sarg des Vaters sitzend. »O mein Papa...«

Wenn es dunkel ist und die Leuchtreklame auf allen Touren läuft, da ist was drin. Da können wir überhaupt nicht mitreden, mit unseren paar Tricks, mit unseren wohltemperierten Lichteffekten und Effekthaschereien. Da rollt und springt alles nur so. Und hopst und scheppert, wackelt in den buntesten, grellsten Farben, zieht in Blitzesschnelle zitternde Kreise, überschlägt sich, jagt sich über zwei Dächer weg, fällt sechs Etagen runter, fährt als Rad durch die Gegend, läuft feuerrot an und ist im selben Augenblick schon wieder dunkelgrün, macht sich sekundenlang unsichtbar wie weggeblasen, und plötzlich kommt es an einer ganz anderen Stelle als etwas ganz anderes zurück. Ein tolles, hektisches Durcheinander, das Chaos persönlich, hervorgerufen von einer kalten Technik, die aufs präziseste funktioniert. [...]

Die sechzig- bis achtzigstöckigen skyscrapers war ich inzwischen schon gewohnt. Doch gewohnt sein ist noch etwas anderes als gewohnt haben. Und ich hatte noch nicht. Jedenfalls noch nicht in einer Höhe von fünfzig bis sechzig Stock. In Chicago ist mir nun eine Wohnung, ein Apartment, zum Kauf angeboten worden (ich muß sagen, ich war überrascht, daß in so hohen Wolkenkratzern auch gewohnt wird; ich glaubte, solche Monstren wären nur für Geschäftsräume gedacht). Preisgünstig. Im siebenundfünfzigsten Stockwerk. Nicht übel. Hübsch geschnittene Räume. Küche, Schlafzimmer, Wohnzimmer, schöner Blick über ganz Chicago. Nichts gegen einzuwenden, von innen nach außen gesehen. Aber umgekehrt – o je; das Haus erinnert, fangen wir damit an, in nichts an das, was wir gemeinhin unter einem Wohnhaus verstehen. In nichts. Jedenfalls von außen, von weitem. Wer nicht Bescheid weiß, wird an alles mögliche erinnert, nur nicht an ein Haus. Am ehesten an eine komplizierte Anlage modernster Schwerindustrie mit dem Durchmesser eines Gasometers; so einer sieben- bis achtmal übereinandergesetzt, dann haben wir es ungefähr. Wie ein Wahrzeichen von Chicago (der »beautiful city«, wie sie sich nennt) wirken, trotz enormer Dimensionen, diese schlanken Wohntürme (neben dem ersten erhebt sich nämlich noch ein zweiter, ebensolcher – daher der plötzliche Plural). In einer entsprechenden Entfernung sind weder Fenster noch Balkons zu sehen, keine Ecken, keine Mauervorsprünge. Dennoch sind die Wände nicht glatt wie bei Gasometern oder runden Türmen, sie haben durchaus eine Struktur, sind gegliedert, nur immer rund, rundherum. Man meint, Ringe zu sehen, pro Etage eine Kette. Kettenringe. Kolbenringe. Maiskolben! Warum komme ich erst so spät darauf? Diese Wohnwolkenkratzer sehen aus wie Maiskolben! Nur eben nicht gelb. Sie haben eine blaugrüne düstere Farbe, nur die Maler geben ihnen lustige Töne. (Die Maiskolben-Hochhäuser sind schon oft gemalt und gezeichnet worden.) Von Westen nach Osten gesehen, und umgekehrt genauso, befinden sich immer sieben Büchsen in einer Reihe, in einer Etage. Der obere Rand einer Büchse erscheint als heller Streifen, ebenso der untere. (Daher die Ringe.) Vom architektonischen Standpunkt außerordentlich reizvoll, und sei es auch nur zum Widerspruch.

Eine Büchse steht nun auf der anderen, von unten nach oben mögen das vierzig Büchsen sein. Jede von ihnen enthält – davon konnte ich mich, wie gesagt, an Ort und Stelle überzeugen – ein gut geschnittenes Apartment mit allem Komfort.

Die Wohnbüchsen – man öffnet sie selbstverständlich mit Patentschlüsseln, nicht mit Patentöffnern – sind nicht geerdet, das heißt, wie Pfahlbauten stehen sie auf Pfählen, die ihrerseits auf dem Dach einer Hochgarage stehen. Eine etwa vierzehn Stockwerk hohe Garage, gleichsam als Fundament, auf dem der Wohnhochofen ruht.

Daß darunter noch viel Platz ist für Läden und Geschäfte (Kunstausstellungen, Theatersaal, Friseur, Blumen), sei nur der Vollständigkeit wegen vermerkt. Ein Eremit, konfrontiert mit Marina, so heißt das Wohnungeheuer, woran würde der denken? Zuerst wahrscheinlich an den Turm zu Babel. Der muß sich ihm aufdrängen. Dann wahrscheinlich an Silos. In Silos können große Mengen von Getreide gespeichert werden. Hier große Mengen von Menschen, einschließlich ihrer Autos.

Beide Maiskolbensilos erfassen mit ihren Wohnbüchsen vielleicht noch nicht die Einwohnerschaft eines Stadtviertels, bestimmt aber die eines mittleren Dorfes.

Dorf! Holsteinisches Dorf! Oberbayerisches Dorf!! Da führt von dort kein Wegweiser hin. Und umgekehrt von da keiner nach dort. [...]

MAX VON DER GRÜN

Schaltwärter

Für Gustav Stöckerer hat die Zukunft schon begonnen, sie ist für ihn Alltag geworden. Seine Arbeit hat nichts mehr zu tun mit Schraubstock, Pickel, Schaufel, Bagger oder Hobel. Sie hat nichts mehr zu tun mit Schmutz, Schweiß, Aktivität, Schwielen an den Händen. Sein Arbeitsplatz ist klimatisiert, seine Arbeit heißt: Beobachten, ab und zu einen Knopf drücken. Seine Arbeit heißt: Da sein!

Es fing an, als das Haus, in dem wir damals wohnten, in Hamm, abgerissen werden mußte, weil die Straße verbreitert wurde. Das Haus gehörte dem Werk, in dem ich damals arbeitete, ein Drahtwerk unten am Hafen, am Kanal. Das war vor acht Jahren. Meine Frau sagte: In die Stadt ziehe ich nicht, nicht ums Verrecken. Manchmal ist es so, daß ein Wort plötzlich eine Veränderung einleitet, daß man plötzlich etwas tut, etwas ganz Blödsinniges, das die Existenz, die Sicherheit in Frage stellt, das sich dann aber später als richtig erweist. Aber wer kann das vorher wissen, ob der Sprung ins kalte Wasser gut geht oder ob man dabei einen Herzkollaps bekommt. Ich habe damals gesagt, wenn sie uns schon das Haus überm Kopf abreißen, dann ist es überhaupt egal, wo wir wohnen, dann ist es auch egal, ob ich da oder da arbeite, egal auch, was ich arbeite. Im Drahtwerk hatte ich dauernd Schwierigkeiten, nicht etwa, daß ich meine Arbeit nicht gemacht hätte, aber ich bin, wie man so sagt, ein Unfallsüchtiger. Da gibt es Leute, die haben zwanzig Jahre eine gefährliche Arbeit und holen sich keinen Kratzer, ich gehöre zu denen, die brauchen eine Arbeit nur anzugucken und schon haben sie einen Verband nötig. In den Jahren 1962 und 1963 hatte ich sieben Unfälle, keine schweren, aber doch, daß ich mal 8 Tage, mal 14 Tage oder auch mal vier Wochen krankfeiern mußte. Na, das ist dann so, man muß zum Büro, zum Sicherheitsbeauftragten, zur Direktion, da heißt es, wie machen sie es nur, daß sie dauernd verletzt werden, die reden mit einem, als ob man sich selbst verstümmelt. So geht das nicht, sagen die dann, wenn das so weiter geht, dann müssen Sie sich eine andere Arbeit suchen, für uns sind Sie eine unzumutbare Belastung. Ich habe immer darum gebeten, daß sie mir im Betrieb eine andere Arbeit geben, auch wenn ich paar Pfennige weniger verdiene, aber sie hatten keine. Natürlich gab es genügend Arbeitsplätze im Betrieb, wo die Unfallhäufigkeit nicht so groß war. Arbeiten, wo Unfälle nahezu auszuschließen waren, die waren längst vergeben, an invalide Leute, an Alte, die auf ihre Pensionierung warteten; und natürlich an Leute, die nach oben besonders gut katzbuckeln konnten. Einmal bekam ich ein Schreiben: Sehr geehrter Herr Stöckerer, wir haben Ihre Arbeitsunfähigkeitsbescheinigung erhalten und zur Kenntnis genommen. Allerdings sind wir nicht der Meinung, daß Sie, wie hier angeklungen ist, ein Herzleiden zur Arbeitsunfähigkeit zwingt. Vielmehr vertreten wir die Ansicht, daß Ihre jetzige Krankheit arbeitsmäßig bedingt ist. Wir kennen das aus der Vergangenheit. Wir möchten Sie höflich bitten, sich Ihr Verhalten zu uns als Arbeitgeber einmal sehr gründlich zu überlegen, und uns recht bald zu benachrichtigen, ob Sie bei nicht passender Arbeit absolut krankfeiern wollen, damit Sie uns, in Ihrem eigenen Interesse, nicht zu Folgerungen zwingen. Mit freundlichen Grüßen... Was soll man dazu sagen. Ich habe das damals dem Betriebsrat gegeben, der sagte mir, er wolle die Sache regeln, ich habe nie mehr etwas gehört. Es hat sich auch keiner bei mir entschuldigt, auch nicht bei dem Arzt, dem ich das Schreiben ebenfalls zeigte. Ja, das ist unsere Wirklichkeit. Der Brief ist eine Beleidigung und eine Drohung. Ich gebe zu, ich war unzufrieden, aber mehr über mich, ich war streitsüchtig geworden, ich hatte Angst, wenn ich zur Arbeit ging, Angst davor, daß ich mich wieder verletzen könnte und dann endgültig aus der Fabrik fliege. Gustav, sagten meine Kollegen, an dir hängt der Unfall wie eine Klette. Und trotzdem haben sie gern mit mir zusammengearbeitet. Sie sagten, solange ich mit ihnen arbeite, solange haben sie selber keinen Unfall, denn wenn einer passiert, dann trifft es unter Garantie mich. Das ist ein Aberglaube, der nicht auszurotten ist. Ich war im Betrieb eine traurige Berühmtheit.

Gustav Stöckerer stammt aus Berleburg im Hochsauerland, er ist Jahrgang 1926, in den letzten Kriegstagen war er noch bei der Heimatflak zwischen Bochum und Herne, dann vier Wochen in englischer Kriegsgefangenschaft, zurück nach Berleburg. Gelernt hat er Motorschlosser.

Nach dem Krieg bin ich zu den Holzfällern gegangen, im Sauerland wurde zu der Zeit viel geschlagen. Andere Verdienstmöglichkeiten gab es nicht. Im Sauerland war es noch nicht so wie heute, Tourismus, Wochenendausflüge, eine ganz arme Gegend war das, das Ende der Welt. Mein Bruder war in Rußland gefallen, mein Vater kam schwerkriegsbeschädigt aus dem Krieg, linker Arm weg, linkes Bein steif. Erst hab ich mir gedacht, gehst irgendwo hin, nach Köln oder wo und machst Schwarzhandel, hatte da einen Kriegskameraden, der schrieb mir, ich solle kommen. Er lebte gut. Eines Tages war er da, mit einem DKW Meisterklasse, so eine Sperrholzkiste, hat uns Zigaretten gebracht und Fressalien, was wir gut brauchen konnten, er wollte mich mitnehmen, aber meine Mutter war dagegen, sie meinte, das wäre wohl nichts Sicheres, sie meinte, das ist so was, wo man heute viel und morgen nichts hat, und wenn man nichts hat, dann macht man Dummheiten und wird erwischt. Sie meinte: Lieber nicht viel haben, aber immer was Sicheres haben. Ich bin dann doch nicht mitgefahren. Ich habe weiter Bäume gefällt, es gab Schwerstarbeitermarken, und so auf dem Lande kam man ganz gut über die Runden, ich habe bei den Bauern ein wenig ausgeholfen, so hat man sich durch die Hungerjahre gefressen. Im Sommer 48, kurz vor der Währungsreform, sind wir mit sechs Mann nach Winterberg mit den Fahrrädern zum Tanzen gefahren, ich war damals ein leidenschaftlicher Tänzer, ich habe manchmal auch barfuß getanzt, weil ich mir immer die Schuhsohlen durchgetanzt habe, und die Schuster hatten nichts, womit sie die Schuhe hätten besohlen können. In Winterberg hat Gustav Stöckerer seine spätere Frau kennengelernt, sie war bei einer Tante einquartiert, weil die Flieger in Hamm alles zerstört hatten.

Ein Vierteljahr später haben wir geheiratet, und meine Frau wollte nach Hamm zurück, da bin ich mitgegangen und bekam Arbeit in einem Drahtwerk, das gerade wieder anfing zu produzieren. Ein Jahr haben wir in einer Baracke gewohnt, mit einem Herd und einem Schrank und einer alten Couch. Hannelore hat damals auch gearbeitet, in einem Schuhladen. Gelernt hat sie Friseuse. Ende 1949 waren die ersten ausgebombten Werkswohnungen wieder beziehbar, wir waren die ersten, die zweieinhalb Zimmer zugewiesen bekamen. Dort wohnten wir bis Ende 1962, bis die Häuser alle abgerissen wurden, weil die Ausfallstraße verbreitert werden mußte. Ich saß zu Hause mit einer verbundenen Hand, wieder mal ein Unfall, das Schreiben vom Werk lag auf dem Tisch, letzte Verwarnung, daß sie mich leider entlassen müßten, sollte sich die Unfallhäufigkeit in dem Maße, wie in den letzten beiden Jahren, fortsetzen. Ich war am Boden zerstört. Was sollte ich machen, ich war nun mal ein Pechvogel. Kam ich zum Arzt, sagte der schon, ich sollte mir eine Arbeit suchen im Büro, mit einem Kuli und einer Schreibmaschine könnte man sich nicht so schnell verletzen, aber wahrscheinlich würde mir schon am zweiten Tag etwas auf den Fuß fallen. Er lachte dabei. Der hatte gut lachen, den konnte keiner entlassen. Da sah ich eine Annonce in der Zeitung, daß die VEW Leute sucht. Da dachte ich mir, da meldest du dich, mehr als nein sagen können die nicht. Hatte ja Zeit. Also ich nach Dortmund, zur Hauptverwaltung, da mußte man sich melden. Saß ein feiner Herr im Büro. Ich sagte ihm, daß ich mich bewerben möchte. Ich habe ihm auch gesagt, warum, daß ich unfallträchtig sei. Er hat gelacht. Er meinte, ja, so was soll es geben, an manchen Leuten hängt das Pech, aber vielleicht liegt es nicht an den Leuten, vielleicht liegt es nur daran, daß sie eine verkehrte Arbeit haben. Er hat eine halbe Stunde mit mir geredet, und als ich wieder auf der Straße war, da dachte ich mir, das gibt nie was, Leute, die so freundlich sind, denen kannst du am wenigsten trauen. Aber was passiert? Einen Tag, bevor ich wieder arbeitsfähig geschrieben wurde, bekam ich einen Brief, ich solle mich nach Dortmund zur werksärztlichen Untersuchung begeben. Also hin. Nach der Untersuchung sagten sie mir, ich bekäme Bescheid. Meine Frau und ich saßen drei Wochen da und haben gewartet, ich hatte schon wieder Angst, daß ich mir eine Verletzung holen könnte. Dann kam der Einschreibebrief. Ich war angenommen zur Umschulung in den Leitstand. Was wußte ich damals, was eine Warte ist, ein Leitstand, eine Schaltstation. Böhmische Dörfer für mich. Ich habe gekündigt – die Wohnung konnte uns das Werk ja nicht mehr kündigen, da war schon alles gelaufen –, ich habe es denen im Betrieb angesehen, daß sie froh waren, mich los zu sein, daß ich gekündigt hatte und nicht sie mir kündigen mußten. Mit der Wohnung war es nicht so schlimm, wie wir erst gedacht hatten, denn die VEW hatte Häuser gebaut, vier Wochen nach meiner Anstellung waren sie bezugsfertig. Ein Jahr später sind wir allerdings wieder ausgezogen. Da wohnten Leute drin, mit denen war einfach nicht auszukommen; die eine hatte den Putzfimmel, die andere drehte das Radio auf Europalautstärke. Wir sind dann auf ein Dorf gezogen, nach Schmehhausen, in einen Privatbau, da zahlen wir jetzt für 75 Quadratmeter 280 Mark im Monat, ohne Heizung, allerdings mit einem schönen Balkon.

Ihre beiden Mädchen, Karin 10 und Lydia 14 Jahre alt, müssen in einem Zimmer schlafen, beide gehen zur Realschule. Die Älteste kocht schon, denn die Frau des Schaltwärters Gustav Stöckerer geht seit zwei Jahren wieder arbeiten, in einem Kaufhaus in Hamm sitzt sie an der Kasse.

Ich habe eine gute Arbeit. Ich werde gut bezahlt. Ich habe 1000 Mark netto im Monat, ein dreizehntes Monatsgehalt ist Gewinnausschüttung, ein vierzehntes Weihnachtsgratifikation. Meine Frau hat auch ihre 600 Mark netto im Monat und sie hat im Kaufhaus auf alles zehn Prozent Rabatt, das macht schon was aus.

Gustav Stöckerer hat eine kontinuierliche Arbeitszeit, das heißt, er kennt wie viele andere auch im Dienstleistungsgewerbe kein Wochenende, der arbeitet zum Beispiel 10 Tage und hat anschließend drei Tage frei. Der Schichtplan für ein Vierteljahr hängt öffentlich aus, damit sich jeder über die Arbeitszeit des anderen orientieren kann, es wird keiner bevorzugt oder benachteiligt. Auf der Warte sind sie in einer Schicht zu sechs, je drei Mann an einem Schaltplan. Die Warte ist steril und klimatisiert. Das Werk produziert 160000 Kilowatt, es gehört zu den modernsten Europas, kann doppelt beheizt werden, mit Kohle oder Öl. Das Werk hat einen eigenen Gleisanschluß und eigenen Kanalhafen.

Was einem bei dieser Arbeit zu schaffen macht, das ist die Langeweile. Ich wußte gar nicht, wie anstrengend Langeweile sein kann. Wir sechs auf der Warte tun doch im Grunde genommen nicht viel, an den verschiedenen Skalen lesen wir Werte ab, wir wissen dann: Der Stromverbrauch steigt an, wir müssen mehr heizen, also mehr Dampf, das heißt auch mehr Wasser, mehr Kohle oder Öl oder – der Stromverbrauch sinkt, also weniger Wasser, weniger Dampf, weniger Hitze. Das ist alles. Das Absprechen mit anderen Werken, die auch im Verband sind: da reicht zum Beispiel unsere Kapazität nicht aus, dann muß ein anderes Werk einspringen, das heißt zuliefern. Das alles lernt man in vier Wochen. Anfangs ist alles etwas aufregend, wenn man so von einer Dreckarbeit wie Drahtwerk weg ist und nun auf so einer modernen Warte sitzt, wo es nur Knöpfe gibt und Skalen und Manometer und Hydrometer und an der Wand beleuchtete Grafiken, wo man die Arbeitsvorgänge innerhalb des Werkes exakt ablesen kann. Nach ein paar Wochen wird es langweilig, man hat nicht mehr viel zu tun. Das Neue ist nicht mehr neu, ein aufleuchtender Knopf versetzt einen nicht mehr in Panik, man drückt auf ihn. Man weiß, was man im Werk ausgelöst hat, gestoppt, beschleunigt oder verlangsamt hat. Da fällt zum Beispiel eine elektrische Wasserpumpe aus, da drückt man auf einen Knopf und schaltet die Reservepumpe ein. Das dauert drei bis fünf Sekunden. Dann sitzt man wieder und starrt vor sich hin und wartet darauf, daß etwas passiert, aber es geschieht nichts, und alle volle Stunde lesen wir die Werte ab und tragen sie in Tabellen ein und der IBM-Schreiber gibt sie in die Zentrale durch. Das ist meine ganze Arbeit. Aufpassen muß man schon, immer muß man da sein, immer auf dem Sprung, nichts übersehen, das könnte schlimme Folgen haben. Ein Nickerchen kann man sich nicht leisten, wir erzählen uns halt was, aber auch das gegenseitige Erzählen erschöpft sich bald. Nach einer gewissen Zeit hat man sich nichts mehr zu sagen, man weiß alles von und über den andern. Dann sitzt man so rum und wartet, bis die acht Stunden vergangen sind. Von der Außenwelt ist man abgeschlossen, und die Arbeiter im Werk sagen zu uns auf der Warte: Die da oben. Als ob wir Direktoren oder Aktionäre wären. Zum Lachen ist das. Die da oben sagen sie zu uns, dabei sind wir ebenso Arbeiter wie alle anderen im Werk auch. Manchmal habe ich den Eindruck, daß die uns verantwortlich machen, wenn sie mehr arbeiten müssen. Aber wir bestimmen doch nicht über die Technik auf der Warte, die Technik ruft uns nur zur Hilfe, so ist das. Wissen Sie, wie ich mir manchmal vorkomme? Meine Frau sagt dann, wenn ich ihr so was erzähle, mir geht es zu gut, ich solle an die Zeit im Drahtwerk denken. Also, ich komme mir vor, wenn ich in den Betrieb gehe, als ob ich in eine große Kugel gehe, deren Innenflächen glatt sind. Die Kugel dreht sich, ich drehe mich in ihr und mit ihr, und ich frage mich, warum ich gedreht werde. Nach der Schicht gehe ich nach Hause mit einem verdammt blödsinnig dumpfen Gefühl, das ich nicht beschreiben kann, es ist eben so ein komischer Zustand. Ich bin nicht krank, ich bin kerngesund, sagt mir der Werksarzt, aber er kann mir mein blödsinnig dumpfes Gefühl nicht erklären. Die Wände innen, in der Kugel, wissen Sie, sind glatt, man weiß nicht, wo man sich festhalten soll, es tut auch nicht weh, eben nur so ein blödsinnig dumpfes Gefühl...

Auch Gustav Stöckerer kann seinen Zustand nicht erklären, denn die »Automations-Krankheit« ist für die Kassen heute noch keine Krankheit, ist vorerst nur Forschungsobjekt. Gustav Stöckerer wehrt sich, mit seinem VW 1500 Käfer fährt er an den Lippe-Seiten-Kanal, er hat einen Angelschein. Er fährt zum Datteln-Hamm-Kanal und sitzt dort und wartet darauf, daß ein Fisch anbeißt. Aber meist hat er Pech. Gustav Stöckerer ist in der Gewerkschaft, SPD-Mitglied. Eine Zeitlang hat er für sie kassiert, später auch für die Partei, dann hat er beides abgegeben, weil es ihm zu viel wurde, an Partei- und Gewerkschaftsversammlungen nimmt er aber immer noch teil, und er macht, wie er sagt, auch den Mund auf, und in Parteiversammlungen warnt er immer davor, nicht alles, was von oben verordnet oder verfügt wird, als Evangelium hinzunehmen. Deshalb sagen viele seiner Genossen zu ihm, er sei ein Stänkerer, und manchmal kommt es auch vor, daß ihm gesagt wird, er solle doch zur DKP gehen, wenn ihm die SPD nicht passe.

Der Strauß hat doch mal auf einer Wahlversammlung gesagt, wem's in Deutschland nicht paßt, der kann ja nausgehen. Aber viele Genossen bei uns in der Partei meinen dasselbe wie Strauß und merken es nur nicht. Die sind doch froh, daß ihnen alles vorgekaut wird.

Gustav Stöckerer, dessen Frau sich nicht für Politik interessiert, liest in seiner Freizeit. Er sieht sich im Fernsehen jede politische Sendung an: Frühschoppen am Sonntag, Panorama, Report und natürlich Löwenthal. Wenn er angeln geht, nimmt er sich was zu lesen mit. Wenn er mit seinen Kollegen auf der Warte darüber sprechen will, gehen sie nicht darauf ein, sagen nur: Ist ja gut, Professor.

SPD nicht wählen, nur weil mir einige Leute in der Partei nicht gefallen, das ist doch Unsinn, dann wird es ja noch schlimmer, dann kommen wieder die Schwarzen dran, und die sagen doch, daß das Kapital wichtiger ist als die Arbeit, wie auf dem letzten Parteitag in Düsseldorf, aber die sagen nicht, daß Arbeit erst Kapital schafft. So werden die Arbeiter verschaukelt, am liebsten möchten die in die Zeiten des Mittelalters zurück. DKP, die sind engstirnig, wissen doch immer genau, wie alles gemacht wird und gemacht werden muß, die sind sich doch nie im Zweifel. War auch mal auf einer DKP-Versammlung in Hamm – Hamm war ja eine KPD-Hochburg in den zwanziger Jahren, obwohl hier alles überwiegend katholisch ist –, bei denen ging es auch nicht anders zu, da hat vorne einer gesprochen und alle haben geklatscht. Anschließend war eine Aussprache, in der alle Diskussionsredner nur gesagt haben, was für ein kluger Kopf der Referent doch ist und daß er völlig recht hat, obwohl er doch nur Unsinn erzählt hat. Da bin ich aufgestanden und habe das auch gesagt, alle haben gezischt und einer hat gerufen, ich sei wohl von der Aktion Widerstand. So einfach ist das. Ja, wir fahren jedes Jahr in Urlaub, an die Nordsee, nach Duhnen bei Cuxhafen, weniger zum Baden, ich laufe da immer nur durch das Watt, morgens drei Stunden und nachmittags auch, und nachts schlafe ich fest, und dann rauche ich drei Wochen keine Zigarette und trinke drei Wochen keinen Alkohol, das bekommt mir gut. Meine drei Weiber lästern immer, ich sei ein Gesundheitsapostel, aber die meinen das nicht so. Nach dem Urlaub, das sehe ich doch an den anderen, die aus Spanien oder Jugoslawien zurückkommen, sind sie hundekaputt, und ich bin ausgeruht, das hält bei mir immer bis zum nächsten Urlaub vor. Ein eigenes Haus müßte ich haben mit einem großen Garten, wo ich dauernd was zu tun hätte, aber ich hab keinen Garten, und zu einem Haus reicht es nicht, da hätte ich vor zwanzig Jahren schon anfangen müssen, jetzt ist das alles für einen Arbeiter zu teuer. Die Arbeit auf der Warte, die füllt einen nicht aus, irgendwie muß man sehen, daß man die Langeweile totschlagen kann. Bevor ich auf die Warte kam, da habe ich überhaupt nicht gewußt, daß es auch für Arbeiter solche Arbeit gibt, ich dachte, das ist nur was für Studierte. Ich habe immer nur gedacht, Arbeit ist etwas, wo man schwitzen muß, ich kannte es ja nicht anders, dann kam ich auf die Warte und dachte, jetzt beginnt für mich der Himmel auf Erden. Nach ein paar Wochen merkte ich, daß der Himmel auch eine Hölle sein kann. Ich weiß nicht, wie meine Kollegen das so aushalten, wie sie mit dieser Langeweile fertig werden. Ich hab zu meiner Frau gesagt, sie soll nicht mehr arbeiten gehen, was ich verdiene, das reicht aus, aber da hat sie mich angesehen und gesagt, daß es erstens nicht reicht, wenn man sich mal was gönnen will, und zweitens will sie sich nicht auch noch zu Hause langweilen, so wie ich im Werk, die Mädchen werden auch immer älter, die gehen jetzt schon ihre eigenen Wege, wir wissen manchmal gar nicht, was sie außer Haus machen, wir fragen auch nicht. Wenn sie von selbst erzählen wollen, dann erzählen sie schon, wenn nicht, dann sagen sie es uns auch nicht, auch wenn wir fragen. Manchmal spiele ich Skat nebenan in der Kneipe, nicht fanatisch, so zur Unterhaltung, entweder Bierlachs oder Zehntel Pfennig, ins Kino gehe ich auch, manchmal mit den beiden Mädchen, aber die gehen immer in so Problemfilme, ich gehe lieber in Bum-Bum-Filme, wie Django und so Zeug, da weiß man doch wenigstens, daß alles nur Blödsinn ist, aber in den Problemfilmen weiß man nie so genau, ob das wirklich ist oder nur konstruiert. Ich habe mich nicht immer für alles interessiert, was in der Welt vorgeht. Als die Mädchen älter wurden und von ihrer Welt erzählten, habe ich angefangen nachzudenken. Ich lese jede Woche den Spiegel von vorne bis hinten, am meisten habe ich Spaß bei den Leserbriefen. Ich habe auch mal einen geschrieben, aber den haben sie nicht gebracht, war wahrscheinlich nicht so wichtig. Meine Kollegen auf der Warte lesen die St. Pauli Nachrichten, ich hab da auch mal reingeguckt, habe mir auch mal eine gekauft, die Mädchen sollten sie nicht in die Hand bekommen, aber die Älteste fand sie dann doch, die hat mich vielleicht angestarrt, richtig komisch, paar Tage lang, das wurde mir zu dumm, und ich habe sie gefragt, was ihr denn nicht passe. Aber sie hat nur gefragt: Sag mal Papa, stimmt was nicht zwischen dir und Mama? Im Bett meine ich. Ich war vielleicht baff. Natürlich stimmt alles. Hat mich doch geschockt, was meine Tochter da sagte. Ansichten haben die Kinder heute.

Matthias Koeppel

Elecktroßzitait

Pfeinz Pfeinzlübchns gaibt pfein Ocht,
wann ühr uich zm Wulld auffmocht.
Wann ühr pfeuguln wullt ont hahahuren,
pfrargt örst mall di Stardtpvaituren:
»Wörr harrt düch tu tscheunur Wulld
appgeharckt ont ommgeknullt?«
Ont se saggn dür: »Öss gaight
Ommdi Elecktroßzitait!«
Dannin-, Urrlin-, Aichnbumm –
seicht ühm app, ont harrckt ühm umm.
Omm di Zuckckompft ze varstörkn,
praucht monn Attatumkraufftwörrckn.
S'Pfeinzlübchn pleipt ümm Pött ont pflaucht:
»Palldt üßt's Pött attumvarsaucht!«

Die neuen Leiden des jungen W.

Notiz in der »Berliner Zeitung« vom 26. Dezember:

Am Abend des 24. Dezember wurde der Jugendliche Edgar W.
in einer Wohnlaube der Kolonie Paradies II im Stadtbezirk
Lichtenberg schwer verletzt aufgefunden. Wie die Ermittlungen der Volkspolizei ergaben, war Edgar W., der sich seit längerer Zeit unangemeldet in der auf Abriß stehenden Laube
aufhielt, bei Basteleien unsachgemäß mit elektrischem Strom
umgegangen.

Anzeige in der »Berliner Zeitung« vom 30. Dezember:

Ein Unfall beendet am 24. Dezember das Leben unseres jungen
Kollegen

Edgar Wibeau

Er hatte noch viel vor!

VEB WIK Berlin

AGL   Leiter   FDJ

Anzeigen in der »Volkswacht« Frankfurt/O. vom 31. Dezember:

Völlig unerwartet riß ein tragischer Unfall unseren unvergesse-
nen Jugendfreund

Edgar Wibeau

aus dem Leben.

VEB (K) Hydraulik Mittenberg

Berufsschule   Leiter   FDJ

Für mich noch unfaßbar erlag am 24. Dezember mein lieber Sohn

Edgar Wibeau

den Folgen eines tragischen Unfalls.

Else Wibeau

[...]

Edgar Wibeau hat die Lehre geschmissen und ist von zu Hause weg, *weil er das schon lange vorhatte.* Er hat sich in Berlin als Anstreicher durchgeschlagen, hat seinen Spaß gehabt, hat Charlotte gehabt und hat beinah eine große Erfindung gemacht, *weil er das so wollte!*

Daß ich dabei über den Jordan ging, ist echter Mist. Aber wenn das einen tröstet: Ich hab nicht viel gemerkt. 380 Volt sind kein Scherz, Leute. Es ging ganz schnell. Ansonsten ist Bedauern jenseits des Jordans nicht üblich. Wir alle hier wissen, was uns blüht. Daß wir aufhören zu existieren, wenn ihr aufhört, an uns zu denken. Meine Chancen sind da wohl mau. Bin zu jung gewesen.

[...] Ich *mußte* einfach anfangen zu pfuschen. Sonst wäre ich nie im Leben fertig geworden. Am meisten fehlte mir eine elektrische Bohrmaschine. Außerdem hatte der Motor natürlich dreihundertachtzig Volt. Ich nahm an, er war aus einer alten Drehmaschine. Das heißt, ich mußte die zweihundertzwanzig in der Laube erst hochtransformieren. Ich hoffte bloß, daß der Trafo in Ordnung war, den ich hatte. Irgendein Meßgerät hatte ich nicht. Das war wahrscheinlich ein weiterer Nagel zu meinem Sarg. Und Zeit, eins irgendwo aufzureißen, hatte ich schon gar nicht. Außerdem liegen Meßgeräte nicht so rum wie ein oder zwei alte LKW-Stoßdämpfer. Die hatten übrigens auch nicht gerade rumgelegen, und alt waren sie vielleicht auch nicht, aber man konnte doch rankommen, wenn man wollte. Ohne die Stoßdämpfer wäre ich einfach aufgeschmissen gewesen. Die Mäntel hätten zwar dicker sein müssen, für den Druck. Notfalls wollte ich deswegen die Düse aufbohren. Das hätte zwar den Strahl dicker gemacht, aber ich wollte sowieso mit Ölfarbe anfangen. Gegen zwölf war ich so weit, daß ich die Düse brauchte zum Einpassen. Ich robbte los in Richtung Baustelle. Ich war nicht der Meinung, daß ich schon fertig war und daß der erste Versuch gleich klappen würde. Aber auf die Art hatte ich noch die Nacht lang Zeit zum Verbessern. Ich war wieder ruhiger. Mutter Wibeau konnte höchstens am nächsten Vormittag auftauchen. Sie hatte mir noch eine Chance gegeben. Auf dem Bau war alles dunkel. Ich tauchte unter unseren Salonwagen und fing an, die Überwurfmutter zu lösen. Blöderweise hatte ich kein anderes Universalwerkzeug als die halbvergammelte Rohrzange. Außerdem saß die Übermutter fest wie Mist. Ich riß mir fast den halben Arsch auf, bis ich sie locker hatte. In dem Moment hörte ich, daß Zaremba im Wagen war, und zwar mit einer Frau. Ich sagte es schon. Wahrscheinlich hatte ich sie aufgestört. Jedenfalls, als ich unter dem Wagen vorkroch, stand er vor mir. Er knurrte: No?

Er stand direkt vor mir und starrte mich an. Allerdings stand er da im Licht, das aus dem Wagen kam. Er hatte dieses kleine Beil von uns in der Hand. Ich nahm damals an, er war einfach geblendet. Aber er hatte dieses Grinsen in seinen Schweinsritzen. Auf *die* Entfernung hat er mich einfach sehen müssen. Ich machte zwar keine Bewegung. Ich kann nur jedem raten, in dieser Situation einfach keine Bewegung zu machen. Meiner Meinung nach war Zaremba der letzte Mensch, der mich gesehen hat und der auch genau wußte, was gespielt wurde.

Auf dem ganzen Rückweg sah ich keinen Schwanz. Um die Zeit hätte man auch nach Mittenberg gehen können. Überhaupt sah Berlin nach acht genau wie Mittenberg aus. Alles hockte vor der Röhre. Und die paar Halbstarken verkrümelten sich in den Parks oder Kinos oder sie waren Sportler und zum Training. Kein Schwanz auf der Straße.

Gegen zwei hatte ich die Düse im Stutzen. Ich füllte die Hälfte der Ölfarbe in die Patrone. Dann überprüfte ich noch mal die Schaltung. Ich sah mir überhaupt das ganze Ding noch mal an. Ich sagte wohl schon, wie es aussah. Es war normalerweise technisch nicht vertretbar. Aber mir kam es auf das Prinzip an. Das war schätzungsweise mein letzter Gedanke, bevor ich auf den Knopf drückte. Ich Idiot hatte doch tatsächlich den Klingelknopf von der Laube abgebaut. Ich hätte jeden normalen Schalter nehmen können. Aber ich hatte den Klingelknopf abgebaut, bloß damit ich zu Addi sagen konnte: Drück mal auf den Knopf hier.

Ich war vielleicht ein Idiot, Leute. Das letzte, was ich merkte, war, daß es hell wurde und daß ich mit der Hand nicht mehr von dem Knopf loskam. Mehr merkte ich nicht. Es kann nur so gewesen sein, daß die ganze Hydraulik sich nicht bewegte. Auf die Art mußte die Spannung natürlich ungeheuer hochgehen, und wenn einer dann die Hand daran hat, kommt er nicht wieder los. Das war's. Macht's gut, Leute!

»Als Edgar auch am Dienstag nicht kam, gingen wir gegen Mittag los.

Auf dem Grundstück war die VP. Als wir sagten, wer wir sind, sagten sie uns, was los war. Auch, daß es keinen Zweck hatte, ins Krankenhaus zu gehen. Wir waren wie vor den Kopf geschlagen. Sie ließen uns dann in die Laube. Das erste, was mir auffiel, war, daß die Wände voller Ölfarbe waren, vor allem in der Küche. Sie war noch feucht. Es war dieselbe, mit der wir die Küchenpaneele machten. Es roch nach der Farbe und nach verschmortem Isolationsmaterial. Der Küchentisch lag um. Sämtliches Glas lag in Scherben. Unten lagen ein verschmorter Elektromotor, verbogene Rohrenden, Stücke von Gartenschlauch. Wir sagten denen von der VP, was wir wußten, aber eine Erklärung hatten wir auch nicht. Zaremba sagte noch, aus welchem Betrieb Edgar gekommen war. Dann war Schluß.

Wir machten an dem Tag keinen Handschlag mehr. Ich schickte alle nach Hause. Bloß Zaremba ging nicht. Er fing an, unter unserem Bauwagen unsere alte Spritze vorzuziehen. Er untersuchte sie, und dann zeigte er mir, daß die Düse fehlte. Wir gingen sofort zurück auf Edgars Grundstück. Die Düse fanden wir in der Küche in einem Stück alten Gasrohr. Ich suchte zusammen, was sonst noch rumlag, auch das Kleinste. Auch, was auf dem Tisch festgeschraubt war. Zu Hause reinigte ich es von der Ölfarbe. Über Weihnachten versuchte ich, die ganze Anordnung zu rekonstruieren. Ein besseres Puzzlespiel. Ich schaffte es nicht. Wahrscheinlich fehlte doch noch die Hälfte der Sachen, vor allem ein Druckbehälter oder etwas in der Art. Ich wollte noch mal in die Laube, aber da war sie schon eingeebnet.«

Schätzungsweise war es am besten so. Ich hätte diesen Reinfall sowieso nicht überlebt. Ich war jedenfalls fast so weit, daß ich Old Werther verstand, wenn er nicht mehr weiterkonnte. Ich meine, ich hätte nie im Leben freiwillig den Löffel abgegeben. Mich an den nächsten Haken gehängt oder was. Das nie. Aber ich wär doch nie *wirklich* nach Mittenberg zurückgegangen. Ich weiß nicht, ob das einer versteht. Das war vielleicht mein größter Fehler: Ich war zeitlebens schlecht im Nehmen. Ich konnte einfach nichts einstecken. Ich Idiot wollte immer der Sieger sein.

»Trotzdem. Edgars Apparatur läßt mich nicht los. Ich werde das Gefühl nicht los, Edgar war da einer ganz sensationellen Sache auf der Spur, einer Sache, die einem nicht jeden Tag einfällt. Jedenfalls keine fixe Idee. Einwandfrei.«

»Und die Bilder?! Glauben Sie, daß davon noch irgendwo eins zu finden ist?«

»Die Bilder? – Daran hat keiner mehr gedacht. Die waren voller Farbe. Die werden wahrscheinlich mit eingeebnet sein.«

»Können Sie welche beschreiben?«

»Ich versteh nichts davon. Ich bin nur einfacher Anstreicher. Zaremba meinte, sie wären nicht von schlechten Eltern. Kein Wunder, bei dem Vater.«

»Ich bin nicht Maler. Ich war nie Maler. Ich bin Statiker. Ich hab Edgar seit seinem fünften Lebensjahr nicht gesehen. Ich weiß nichts über ihn, auch jetzt nicht. Charlie, eine Laube, die nicht mehr steht, Bilder, die es nicht mehr gibt, und diese Maschine.«

»Mehr kann ich Ihnen nicht sagen. Aber wir durften ihn wohl nicht allein murksen lassen. Ich weiß nicht, welcher Fehler ihm unterlaufen ist. Nach dem, was die Ärzte sagten, war es eine Stromsache.«

SARAH KIRSCH

Der Milan

Donner; die roten Flammen
Machen viel Schönheit. Die nadligen Bäume
Fliegen am ganzen Körper. Ein wüster Vogel
Ausgebreitet im Wind und noch arglos
Segelt in Lüften. Hat er dich
Im südlichen Auge, im nördlichen mich?
Wie wir zerrissen sind, und ganz
Nur in des Vogels Kopf. *Warum*
Bin ich dein Diener nicht ich könnte
Dann bei dir sein. In diesem elektrischen Sommer
Denkt keiner an sich und die Sonne
In tausend Spiegeln ist ein furchtbarer Anblick allein.

RALF THENIOR

Physik

Immer wenn ich an dieser kleinen, provisorischen Klingel an meiner Wohnungstür vorbeigehe, die eigentlich eine Schnarre ist, muß ich an einen Physiklehrer denken, der in einer seiner Stunden, an denen ich unbeteiligt teilnahm, einen Satz sagte, der mich schaudernd in die Bodenlosigkeit gewisser Selbstverständlichkeiten blicken ließ.

Jeder richtige Junge müsse mindestens einmal in seinem Leben eine Batterie auseinandergenommen haben. Das Berühren der beiden Batteriepole mit der Zunge fand ich ja noch ganz aufregend, aber wenn sich die anderen in der Pause über das spezifische Gewicht von Urin zu streiten anfingen und begannen, ihre Erfahrungen beim Pinkeln gegen elektrisch geladene Weidezäune zum besten zu geben, no Sir.

Dennoch kann ich mich einer gewissen Bewunderung nicht erwehren, wenn ich diese Klingel ansehe, die von meinem Vorgänger stammt. Zwischen Klingelknopf und Batterie befindet sich ein kleiner Schalter, mit dem man das Klingelgeräusch, wenn man sich zum Beispiel konzentrieren will, unterbinden kann, so daß die Besucher klopfen müssen. Ein Bekannter von mir hat sich jetzt sogar eine Vorrichtung gebaut, die dergestalt funktioniert, daß, wenn er einmal in die Hände klatscht, das Wohnzimmerlicht angeht, wenn er zweimal in die Hände klatscht, sich das Radio einschaltet, dreimal klatschen, Radio sucht »Soul«, viermal, die versteckt angebrachte Hausbar öffnet sich etc.

Welch Gedanke, sich in diesem Raum zu ohrfeigen...

LES MURRAY

Die Starkstromleitungs-Inkarnation

Als ich lief, um die Drähte von unserem Dach wegzureißen, er-
blühten Hände schrien Zähne fast wurde ich geschnappt
von diesem Leben zurückgehalten
                    Oh Klammen Oh Triumpfwagenzügel
ihr bedeckt mich mit Grellem schmückt mich mit Buntem
                                                    füttert
meine Kranznaht   ein Schrei singt über unserem Tanz
in der Luft   du knallst es mir mit Farmen
die du an- und abdunkelst betäubender Freund starker
                                        schrecklicher
Tooma und Geehi drehen durch und durchbohren mich
Steine Feuerschweife Dämme Fieberbäume schwenken
durch mich bis hin zur Dunkelheit   ich zerzische sie
                                        unter den Füßen
mit den Schwertern meiner Schuhe
                                        ich empfange Berge
die mich umsteuern   Crackenback   Anembo
die Fiery Walls   ich bin ein Treffer in Städten
die ich noch nie besuchte: Rauch steigt in Glühbirnen knallen
                                                    graue
Platten stottern und stöhnen ich pflüge Mozarts Gesicht
und das von Johnny Cash ich vergrabe und glätte ihre Musik
ich krache kupferne Schmelzeinsätze und Spinnen in
                                        Sicherungskästen
ich rufe meinen Freund aus den Schaltungen der Mixer
die Geburtstagssahne schlagen   ich leite das unsterblich
Unmenschliche von Krankenhäusern ab
                            um meinen Jazz in Gang zun halten
und hier ist Rigel in einem Handschuh aus Fleisch
meine sternenumsäumte Hand enthüllt Rauch, kalter Engel.
Fahrzeuge die vom Tod existieren biegen heulend in unsere
                                        Straßen ein

114

mit Licht ein Tausendstel so hell wie meine blauen
Arme haltet meine Frau von meiner Schönheit zurück vor meiner
    Gattung
die Edelsteine an meinen Rändern

                                 ich würde sie in blinder
weißer neuer Ehe umschließen   sie mit Reichtum
                                      überschütten
daß ihr Herz erstarrt wir würden Apachensprünge machen
und hinausbrüllen *Diesieziegie!*
               beschützt sie vor mir Menschen
vor diesem Glück ich will es brennend mit euch teilen
                           diese Berührung
Tuchauto stromgefütterte Leiter Wildfeuer Garten Strauch –
weit in der Ferne höre ich, wie gewaltige Unterbrecher
                           umgelegt werden
und mich vermindern eine Bedeutungslosigkeit kommt
über den Stromkreis
              der Gott verläßt mich
aber ich bin in den Hauptstrom eingetaucht   habe die
                         Schaubilder
     übersprungen
ich habe die Träume von Jungen mit Bürstenschnitt namens Buzz
    durchquert
und die erhärtende Musik
              bis hin zum großen leeren Ort
wo die festgeschnallten Suchenden, weiße Kleidung nässend,
    hinkommen,
um sich den Zeitgeist zeigen zu lassen
                Leidenschaft und Tod meine Haut
mein Herz ganz Logik   ich hatte meine Sternstunde
und muß nun bald verglühen
           ich habe den Gott der Gegenwart gesehen
Es das nichts fühlt   Es das Gebete erhört.

Aus: HANS CAROSSA

Das Stauwehr

[...] Das erste, was in die Augen fällt, ist eine lange, dem Ufer-
damm angebaute Steintreppe von sehr geringer Neigung; fast
waagrecht liegt sie im strömenden Wasser, auch hat sie nur halbe
Stufen, die abwechselnd rechts und links ansetzen. Den Zweck
dieser Stiege sah ich nicht ein und nahm mir vor, später danach
zu fragen. Es dämmerte noch wenig; aber schon flammte, den Tag
verlängernd, eine Lampenreihe über der Brücke auf. Hier standen
viele Menschen, fromm bewundernd, wie man früher nur vor
Domfassaden stand. Ergriffen blickten sie auf die riesigen Ver-
nietungen und Verstrebungen, die den eisernen Schutzplatten die
Kraft verleihen, dem ungeheuren Druck der Wasserschwälle
standzuhalten. Ich mischte mich unter die Besucher und ging mit
ihnen durch die erleuchtete Halle, wo acht schwarze Gebilde stehen, Generatoren genannt, welche bald an geharnischte Moloche,
bald an eiserne Türme erinnern. Ein junger Monteur in dunkel-
blauem Drell trug zwei messingblanke, langgeschnäbelte Ölkan-
nen an uns vorüber und bestieg auf gewundener Treppe den dritten Eisenturm. Einen anderen Arbeiter baten wir um Erklärungen: er suchte uns anschaulich zu machen, auf welche Weise in
jenen Generatoren magnetische Felder entstehen und wie sich
Wasserkraft in elektrische Energie verwandelt. Man mußte scharf
zuhören, der ganze Raum dröhnt, surrt und zittert, Nerven und
Sinne schwingen mit. Die Zahl der dunkelblau gekleideten Männer, die das gigantische Werk bedienen, erschien mir klein, und
alle haben etwas eigentümlich Stolzes, Unbekümmertes, was niemand wundern darf: weiß doch jeder, daß es in seiner Macht
steht, mit wenigen Handgriffen eine jener wuchtigen Schutzplatten, die man hier einfach Schützen nennt, ja sogar den Strom
selbst samt seinen Schiffen zu heben und zu senken, wie es not
tut. Ich glaube, diese Dunkelblauen sind gute Söhne der Zeit; keiner von ihnen will bemerkt werden, jeder nur an seiner Stelle stehen; keinem fällt es ein, zu fragen, ob man später noch seiner

Hingabe gedenken wird. Ja, es ist nicht mehr zu früh für mich, dieser Anlage gerecht zu werden; sie ist keine Kampfburg, verlangt nichts für sich, will einfach dienen, indem sie Naturkräfte zu genauen Leistungen anhält. Auch jene eisernen Erzeuger der elektrischen Ströme, so minotaurisch sie aussehen, sind im Grund demütig, folgen gerad einem lenkenden Griff, und wo man das wenigste wahrnimmt, geschieht das meiste. [...]

Nach und nach entfernten sich die meisten Besucher; ich folgte mit zwei Familien einem älteren Monteur, der am Ausgang der Turbinenhalle die Führung übernahm. Wir unterschrieben einen Schein, der uns zur Vorsicht verpflichtete, und durften nun zwei Gebiete betreten, die sonst nicht zugänglich waren, den Kommandosaal und den Hochspannungsraum. Jener mit Marmor verkleidete Saal der Befehle umschließt wie eine Schädelkapsel das Gehirn der gesamten Leitung, und so gibt es in diesem großen Schaltwerk auch kein gleichgültiges Geschehen: ein rotes Licht glüht auf, leuchtet eine Weile und verlischt wieder, dann ein grünes, und man erfährt: das sind weither gesandte Signale. Oder ein Mann drückt auf einen Knopf, ein Zeiger rückt zu einer anderen Ziffer, und gleich steht unten eine Turbine still. Nach magischem Kabinett sieht hier alles aus; der Uneingeweihte würde Stunden brauchen, um nur einen Überblick zu gewinnen; mitzaubern aber dürfte er doch nicht, und so läßt er sich von dem Führer, der schon nach der Uhr sieht, gern weiterdrängen in das Gefängnis des Blitzes, den Hochspannungsraum.

Ein junges Mädchen, das mit seinen Eltern ging, konnte sich nicht entschließen, hier sofort einzutreten; sie blieb auf der Schwelle stehen, preßte sich, blaß vor Erregung, die Hand auf das Herz und wartete, bis ihr Vater sie am Arm hereinführte. Mir aber lag noch immer das Gesumme und Geschwirre der Generatoren im Ohr, die wir vor einer Viertelstunde verlassen hatten; ich erwartete auch in diesem Bezirk, den die größte Naturgewalt unaufhörlich durchflutet, einiges Getös; aber hier waltete Stille des Todes. Auch dem Auge drängte sich zunächst nichts auf; dann aber bemerkte man an den Wänden eine Vielfalt von Röhren und Stangen, dazwischen Meßuhren und eine Art kräftiger, glatter

Bänder, die, Linealen gleich, nebeneinander hinlaufen, alle in den schönsten Glanzfarben, violett und weiß, gelb, grün und rosa. Die junge Furchtsame sah enttäuscht umher wie wohl ein Kind, wenn es zum erstenmal in den Tiergarten kommt und den Löwen schlafend antrifft, statt daß er gerade einen Ochsen zerreißt. Reizend aber fand sie die farbigen Bänder; solch einen rosa Lackgürtel habe sie sich längst gewünscht. »Das sind die Sammelschienen der elektrischen Ströme«, erklärte der Monteur; »der Farbenlack ist nur äußerlich, innen bestehen sie aus reinem Kupfer.« Daß es genügen würde, eines dieser schönen Bänder mit dem kleinen Finger zu berühren, um nur noch ein Grabkleid zu brauchen, davon sprach er nicht; es war ihm wohl zu alltäglich. Nur die Leistungen der Ströme hob er hervor; stolz nannte er eine weit entfernte Stadt, die von ihnen ihr Licht empfängt. Uns anderen war es wohl zu verzeihen, daß uns die Straßenbeleuchtung einer fremden Stadt im Augenblick weniger Eindruck machte als das ewige Dunkel, das uns unverzüglich aufkam, wenn wir nur zwei Schritte weitergingen und die Hand erhoben. [...]

Ich sah zurück, da stand es als Zauberschloß glanzverströmend in der Nachtschwärze. Die hohen Fenster der Turbinenhalle sandten weithin weiße Strahlen; aus den äußeren Lampen aber wie aus Brausen sprühte abwärts rötlich mildes Licht. Ein weißes Lastschiff, grau befrachtet, mit gelber und blauer Laterne, rauschte daher, von seinem Spiegelbild getragen, und erinnerte, wie sich die Leistungen der kühnen Werkburg unablässig ergänzen. Um den Verkehr der Schiffe zu steigern, hat man den Strom gestaut; das andere, die Erweckung der elektrischen Kraft, aus dem nie nachlassenden Andrang der Gewässer, geschieht nur nebenher; aber gerade dies ist unvergeßlich. Ob wir je verstehen werden, warum eine nahe blühende Uferwelt versinken muß, damit irgendwo in ferner Nacht Lichter brennen, diese Frage soll uns heute nicht bekümmern. Doch in mancher Lebensstunde mag es heilsam sein, die Hallen zu besuchen, wo ein übermenschlicher Gehorsam Urgewalten bändigt, oder den lautlosen Raum zu durchwandern, wo es nur tödliche Berührungen gibt.

Die Pirouette des Elektrons
Vorfall in Berkeley

Im August 1946 besuchte Professor Macdonald einen Kongreß in Berkeley. Am dritten Abend seines Aufenthaltes sah er in der City Hall des eng benachbarten San Francisco eine Tänzerin, in der er Martha Grand wiedererkannte, die fast vergessene Freundin seiner College-Jahre. Sie war damals Studentin der »musica sacra« am Californian Conservatory gewesen. Macdonald hatte sie oft geneckt: »Martha, kleine puritanische Streitmähre« (sie war die Tochter eines fanatischen Pittsburgher Methodistenpredigers), »du bist auf dem Holzweg! Nicht mit, deiner Heiligenstimme wirst du Karriere machen, glaub mir das! Sieh deine Waden an, um deren Marmor dich Maillol beneidet hätte: da liegt deine Zukunft!«

Er hatte das zwar halb im Scherz gesagt, aber – by Jove! – seine Prophezeiung war offensichtlich in Erfüllung gegangen. Als Martha die Musikhochschule aufgab, um bei einem Ballettmeister in die Lehre zu gehen, erlitt der Methodistenprediger einen Schlaganfall, der ihm für den Rest des Lebens Siechtum eintrug. Martha stand seither unter dem Schatten dieses Ereignisses. Kritiker, die um ihre Herkunft wußten, nannten ihre Tanzschöpfungen »ins Sichtbare gehobene Bußpredigten«. »Vision der Apokalypse« stand auf dem Programm. Acht Stationen oder Sätze: »Plage«, »Hunger«, »Lästerung«, »Unbarmherzigkeit«, »Pestilenz«, »Gram«, »Gebet« und »Tod«.

Die ganze Offenbarung des Johannes.

Wenn ihr Vater es noch hätte erleben können, sein Kummer wäre versiegt und er selbst beruhigt ins Grab gesunken.

Martha tanzte ohne großen äußeren Dekor. In ihren Bewegungen vereinte sie die Schnelligkeit des Geiers mit der rasenden Kraft eines todesbrünstigen Pferdes. Das Publikum gab keinen Laut von sich. Die riesige City Hall lag wie geduckt unter den

Prankenschlägen dieser Ekstatikerin, die alle Verdammnis des Zeitalters auf dem Scheiterhaufen ihrer Büßerwollust austanzte.

Als »Pestilenz« trug sie ein weißes Leichenhemd, das allerdings nur bis zur Tiefe der Waden reichte und den Orkan der Sehnen, Muskeln und Gelenke allen Blicken preisgab. Das schmerzendweiße Tuch war mit scharlachroten Flecken bedeckt. Ihr kalkweiß geschminktes Gesicht schien selbst die dunklen Linien der Brauen verschluckt zu haben. Nur der Mund klaffte in grauenhafter Scharlachröte. Die ein wenig zu kurze Oberlippe entblößte ein Stück von den Zähnen, was dem ganzen Ausdruck etwas Schindmährenhaft-Bleckendes beimischte. Bei Gott, sie war keine Schönheit. Ihr Genie, das erkannte Macdonald jetzt, lag nicht in ihren durchgebildeten Waden, nein, beileibe nicht, es lag in der nachtwandlerischen Sicherheit, mit welcher sie die Elemente des Unschönen, Vergröberten, Ungraziösen, die ihr anhafteten, zu einer Symphonie mischte, in der alles Körperlich-Unzulängliche sich zu einer Metaphysik des Grauens vergeistigt hatte. »Getanzter Poe«, faßte Macdonald seinen Eindruck zusammen.

Man hätte erwarten können, daß sie, um der Figur mehr Eindringlichkeit zu geben, entweder mit wild aufgelöstem Haar oder unter einer Maske mit kahlgeschorenem Schädel tanzen würde. Nichts von alledem. Sie trug ihre gewöhnliche Frisur, das volle schwarze Haar zu einem kunstvollen Aufbau emporgetürmt, der von dem kalkweißen Geisha-Antlitz betont abstach und irgendwie an die makabre Pracht jener schwarzen Federbüsche erinnerte, die von schabrackenbedeckten Trauerpferden bei Leichenparaden getragen werden. Während sie tanzte, verharrte ihr Gesicht in einer stereotypen Lachmaske, einem Lachen, in welchem der selbstzerstörerische Zynismus des Fleisches luziferische Triumphe feierte. In der Hand schwang sie eine Geißel. Mit den wilden Sprüngen einer Mänade tanzte sie gleichsam auf dem schwärenden Buckel einer verpesteten Welt herum und kannte kein Maß in der blinden Lust, dort zu züchtigen und mit Schmerz zu impfen, wo seit Ewigkeiten nichts anderes als die faulende Langeweile des Vergänglichen zu Hause war.

Nach der Vorstellung ging Macdonald in Marthas Garderobe. Am folgenden Nachmittag machten sie, um das Wiedersehen zu feiern, eine kleine Autotour. Einige gemeinsame Freunde waren mit von der Partie. Die Gesellschaft befand sich in ausgelassener Stimmung. Nach dem Picknick versprach Macdonald eine Extra-überraschung. Sie ließen den Wagen in Berkeley stehen und spazierten, die zwischen Bäumen und Anlagen verstreuten Institute der Universität hinter sich lassend, einen von Eukalyptusbäumen bestandenen Hügel hinan. Die anderen ließen Martha und Macdonald ein Stück vorausgehen.

»Hier hat sich eigentlich nicht viel verändert seit damals, als wir nach dem Kolleg hier umherbummelten oder bei einem Picknick goldene Luftschlösser bauten«, sagte Martha mit einem beinahe elegischen Seufzer. Er kannte solche Gefühlsseligkeit nicht an ihr; sie war immer herb und ein bißchen widerspenstig gewesen und hatte seinen leichtsinnigen Vorschlägen eine hausbakkene, fast schon etwas matronenhafte Strenge entgegengesetzt.

»Auch du hast dich kaum mehr verändert als dieser idyllische Ort«, sagte Macdonald mit liebenswürdiger Galanterie, konnte sich jedoch nicht enthalten, hinzuzufügen: »Es ist alles so wie früher; fehlt eigentlich nur, daß du mir unter dem Tulpenbaum, wo wir so oft gesessen haben, eine Arie aus Händels ›Messias‹ vorsingst. Aber das ist ja wohl vorbei.«

»Warum vorbei?«

»Weil man den Tulpenbaum umgehauen hat.«

»Sonderbar«, meinte die Tänzerin, sich umblickend. »Warum gerade unseren Baum? Wen kann er gestört haben? Hat sich jemand dort oben angesiedelt?«

»Du hast es erraten«, sagte Macdonald mit einem geheimnisvollen Lächeln, »es hat sich wirklich jemand angesiedelt.«

»Und wer, wenn ich fragen darf?«

»Der Tod«, antwortete der Professor.

»George, du bist doch noch genau das gleiche Kind wie früher«, versuchte jetzt die Grand ihn mütterlich-wohlwollend zurechtzuweisen. »Weißt du noch, welch diebischen Spaß es dir machte, mir die heiterste Sonntagslaune zu verderben, indem du, gerade wenn ich mich ins duftende Gras gestreckt hatte und die goldene Stille zu genießen begann, mich darauf aufmerksam zu machen pflegtest, daß der malerische Aspekt unseres Eukalyp-

tushains eine ›fatale Ähnlichkeit‹ (genauso sagtest du) mit irgend-
einem berühmten Gemälde irgendeines deutschen Malers – ich
glaube, du nanntest ihn Böcklin« (sie sprach den Namen wie
Backleyn) »– aufweise? Ich kann mich ziemlich genau an deine
Worte erinnern. Du sagtest: ›Man braucht sich die Eukalyptus-
bäume nur durch Zypressen ersetzt zu denken und die kaliforni-
sche »Toteninsel« ist fertig.‹ Ich ärgerte mich damals maßlos über
deinen wenig originellen Witz, zumal ich deutlich spürte, daß die
groteske Geschmacklosigkeit deines Vergleiches, die ich natürlich
durchschaute, dennoch auf dem Umwege über irgendeine mystische Hintertür meines Wesens Einfluß auf mich gewann und mir
den Ort schließlich verleidete. Auch heute wäre ich nicht mit
hierher gegangen, wenn du mich nicht so unschuldig-naiv gebeten hättest und wenn obendrein diese Dinge nicht schon so weit
zurücklägen – ich glaube, es sind beinahe fünfzehn Jahre vergangen, seit wir zum letzten Male miteinander diesen Weg gingen –,
und deshalb verzeihe ich dir auch diesen etwas verspäteten Jun-
genscherz.«

»Danke«, sagte Macdonald. »Ich sehe, daß du deiner Seele inzwischen mit dem Seziermesser der Psychologie genaht bist, das
heißt, ich habe es gestern abend in der City Hall schon bemerkt,
als du die ›Vision der Apokalypse‹ tanztest. Deine Choreographie
ist psychoanalytisch zu sehr belastet, das ist getanzter Poe; ich
kann dir nur wiederholen, was ich dir vor fünfzehn Jahren schon
sagte: verlaß dich mehr auf das Genie deiner Waden; das ist die
Weisheit des klassischen Balletts, das bei euch Wigman-Epigonin-
nen ziemlich außer Kredit geraten ist. Sei mir nicht böse, my dear,
ich wollte dich nicht kränken, ja, ich wollte nicht einmal einen
schlechten Witz machen, als ich sagte, dort oben habe sich Freund
Hein angesiedelt. Hast du noch nie davon gehört, daß Professor
Lawrence im Jahre 1942 ...«

Sie hatten den höchsten Punkt des Hügels erreicht und die
Grand stieß einen leisen Schrei der Überraschung aus.

Vor ihnen stand ein kreisrundes Gehäuse; über seinem weißen,
von Fenstern durchbrochenen Wellblechstamm erhob sich eine
grellrote Kuppel.

»Das sieht ja aus wie ein Fliegenpilz«, unterbrach die Tänzerin ihren Begleiter. »Wie kann man mit einem so scheußlichen Bungalow dieses schöne Plätzchen verunzieren!«

»Es ist das Zyklotron«, sagte der Professor.

»Ein was?« fragte Martha Grand.

»Ein Zyklotron. Eine Atomzertrümmerungsmaschine. Im Innern dieses ›Fliegenpilzes‹, wie du dich auszudrücken beliebst, wurden die entscheidenden Versuche gemacht, welche schließlich die Fabrikation der Atombombe ermöglichten.«

»Mein Gott«, sagte die Tänzerin, deren Gesicht spitz und blaß geworden war, »ich glaube, du willst mich immer noch zum Narren halten wie früher. In diesem lächerlichen, giftfarbenen Ding da, ausgerechnet an dem Platz, wo unsere Magnolie stand, durch deren Geäst wir so oft in den blauen Himmel blinzelten, ausgerechnet dort sollte man ein solches Ungeheuer mit einem fast unaussprechlichen Namen aufgestellt haben: du mußt zugeben, daß allein schon die Vorstellung grotesk und absurd ist.«

»In gewissem Sinne ist sie freilich grotesk«, gab Macdonald freundlich lächelnd zu. »Aber du darfst nicht vergessen, daß wenige hundert Meter unter uns die wissenschaftlichen Institute liegen, daß wir uns auch hier oben noch innerhalb des Universitätsgeländes befinden, obwohl man es kaum merkt, und daß der ›Fliegenpilz‹ dort nichts weiter als einen Teil des Physikalischen Instituts darstellt, den man nur deshalb in diese verhältnismäßige Abgeschiedenheit verpflanzt hat, weil er außerhalb der Isolierung eine zu lebensgefährliche Maschinerie sein würde. Es ist also genau so wenig absurd, daß das Zyklotron hier steht, als es phantastisch anmutet, daß zwei junge Menschen einst an diesem Orte idyllische Schäferstündchen verlebten. Nur, daß ausgerechnet diese beiden Menschen wir sind, mag zunächst unserem Begriffsvermögen erstaunlich vorkommen, aber mit demselben Recht könnten wir uns darüber wundern, daß wir in eben dieser Sekunde leben und nicht schon drei Jahrhunderte vorher.«

Sie standen nun vor einer Tafel mit der Aufschrift »Eintritt ohne besondere Genehmigung strengstens untersagt«. Ein Wachpolizist mit litzenbesetzter Mütze und weißen Handschuhen kam auf sie zu und fragte nach ihrem Begehr.

»Kann man es besichtigen?« fragte Martha Grand.

»Sorry, Ma'm«, sagte der Polizist mit einem blasierten Verziehen der Kinnmuskeln. »Es wird gearbeitet; außerdem finden Besichtigungen und geschlossene Führungen nur mit spezieller Erlaubnis des State Department statt.«

»Wissen Sie, wer ich bin?« fragte die Grand herausfordernd.

»Wie soll ich das wissen, Ma'm?« sagte der Polizist. »Wir geben uns hier mit exakter Forschung ab, nicht mit Hellseherei.«

»Sehen Sie mich genau an«, stand nun die Tänzerin angespannt vor ihm. »Kennen Sie mich nicht? Mein Name ist Martha Grand.«

»Sorry, Ma'm«, wiederholte der Polizist mit unverrückbarer Zähigkeit. »Ich kenne Ihren Namen, habe ihn oft in den Zeitungen gelesen. Aber die Anordnungen des State Department gelten ohne Unterschied der Person.«

»Zum Teufel mit Ihren Anordnungen«, sagte die Tänzerin kampflustig. »Wie soll ich die Apokalypse tanzen können, wenn ich nicht einmal die Mordmaschine gesehen habe, die an Hiroshima und Nagasaki das Schicksal von Sodom und Gomorrha wiederholte?«

»Mordmaschinen haben wir hier nicht, Ma'm«, sagte der Polizist, ein leichtes Stirnrunzeln andeutend. »Wir sind weder ein kriegsgeschichtliches Museum noch ein Zoo mit Mordbestien. Wenn Sie aber das 184zöllige Zyklotron meinen, so möchte ich darauf hinweisen, daß sein Erbauer, Professor Lawrence, ein Mann der Wissenschaft ist und kein goldbetreßter General oder Militärattaché, dem das Lächeln einer Tänzerin zum persönlichen Dekor dient. Warten Sie bitte einen Augenblick.«

Er verschwand in der Tür des Fliegenpilzes und kam nach etwa zwei Minuten mit einem Fragebogen zurück, den er sie auszufüllen bat. Die Grand warf ihrem Begleiter einen triumphierenden Blick zu. Dieser lächelte nachsichtig.

»Ein Vorwurf für Tiepolo: ›Der göttliche Elan der Kunst besiegt die Marmorkälte der Wissenschaft.‹«

Der Polizist ließ sie durch das Gitter treten, welches das kreisförmige Gebäude umgab, und an der Tür des letzteren wurden die Besucher von zwei Herren in weißen Mänteln empfangen, welche die notwendigen Erklärungen gaben. Diese Erläuterungen waren auf einen nachsichtig-popularisierenden Ton gestimmt, wie ein menschenfreundlicher Arzt spricht, wenn er einem überängstlichen Patienten die Gefährlichkeit einer Krankheit in möglichst mildem Licht darzustellen bemüht ist.

Das Zyklotron, so erklärte der weißbekittelte Herr, sei ein Ort, wo man Atome, diejenigen Urbestandteile der Materie also, die man bis vor wenigen Jahren noch für nicht weiter zerlegbar gehalten habe, in noch kleinere Partikelchen spalte. Das Zyklotron sei das A und O des Atomforschers. Ohne es sei er genauso hilflos wie ein Chirurg ohne Röntgenapparat.

Sie traten in das Innere des runden Gebäudes, das etwa einen Durchmesser von sechzig bis siebzig Metern haben mochte. Konzentrisch zu der äußeren Wand lief eine zweite Mauer aus drei Meter dickem Zement. Zwischen beiden Wänden konnte man spazierengehen wie in der Wandelgalerie eines Rundtheaters. Die innere Zementwand war mit allerlei Schalttafeln, roten, grünen und gelben Kontrollämpchen, einem phantastischen Dschungel von Hebelarmen, Rohren und Schrauben bedeckt.

Durch eine Öffnung in der Zementwand betraten sie das Allerheiligste: den Raum, welcher die eigentliche Apparatur des Zyklotrons beherbergte. Dieses bestehe, wie die Herrschaften ja selber sähen, im wesentlichen aus einer riesigen, luftdicht geschlossenen Trommel, welch letztere wiederum das Behältnis für eine schneckenhausförmige Spirale darstelle, und in dieser spiele sich der eigentliche Vorgang ab. Er beginne damit, daß man das Geschoß, mit welchem man die Atome zu bombardieren gedenke – meistens bediene man sich hierzu des Wasserstoffkerns –, in das innerste Zentrum der Spirale bringe, von wo aus es dann, gelenkt und gesteuert durch die Kraftlinien eines riesigen Elektromagneten, dessen einer Pol sich prankengleich über der Trommel befinde, während der andere unsichtbar in der Erde liege, in immer schnelleren Drehungen längs der Spiralwände umherkreise, bis es schließlich mit der Geschwindigkeit des Lichtstrahls aus der Endöffnung des Schneckenhauses herausschieße, um mit zertrümmernder Wucht auf die zu Experimentzwecken bereitgestellten Atome zu treffen. Die unvorstellbare Beschleunigung des Geschosses vom Ruhepunkt bis zur Lichtgeschwindigkeit erhalte es durch einen einfachen, aber höchst genialen Mechanismus, nämlich durch ein elektrisches Wechselfeld von hoher Schwingungszahl, welches an einander gegenüberliegenden Enden eines Durchmessers angelegt werde und jedesmal dann, wenn das rotierende Geschoß nach Durchlaufen eines Halbkreises seine Richtung im Raume umgekehrt habe, auch seinerseits seine Richtung ändere, so daß sich die einzelnen Impulse, welche das Geschoß auf diese Weise erhalte, zu dem phantastischen Betrag von vielen Millionen Volt summierten, wobei, und dies sei ja der geniale Trick des ganzen Apparates, die ursprüngliche Spannung des elektrischen Wechselfeldes fünfzigtausend Volt nicht zu übersteigen brauche.

Man könne sich also, wagte Martha Grand in dem gelehrten Wust eine Zwischenbemerkung, den Weg des Geschosses wie eine immer schneller werdende Pirouette vorstellen, die schließlich in einem unvorstellbar raschen Wirbel ende?

»So kann man es ausdrücken, Ma'm«, sagte der höfliche Gentleman in dem weißen Kittel.

»Und wie lange dauert es, um das Partikelchen aus seinem Ruhepunkt im Zentrum der Spirale bis zur Lichtgeschwindigkeit hinaufzuwirbeln?«

»Vierzig Mikrosekunden«, sagte der Gelehrte.

»Und was ist eine Mikrosekunde, Sir?«

»Ein Millionstel einer Sekunde«, war die Antwort.

»So lange hätten wir eigentlich Zeit, nicht wahr, Georgie?« wandte sich Martha Grand an ihren Begleiter. Der nickte abwesend, als habe er den Scherz nicht begriffen.

»Könnten Sie nicht den Magneten anlassen und uns zeigen, wie das Geschoß in der Spirale herumwirbelt und schließlich auf das Ziel prallt?«

Der Gelehrte lächelte. »Den Magneten kann ich einschalten«, sagte er, »aber sehen würden Sie nichts. Diese Vorgänge spielen sich in einer Welt ab, zu der unsere Sinne keinen Zugang haben. Der Physiker vermag höchstens durch einen Trick die Bahn eines solchen Partikelchens zu photographieren. Draußen im Schalt-

raum hängen einige solcher Bilder. Sie können Sie beim Hinaus-
gehen anschauen.«

Während er sprach, hatte er den Magneten eingeschaltet. Ein
leises Summen durchtönte den Raum, einige Signallämpchen
glühten auf, sonst sah man nichts weiter.

»Geschieht es jetzt?« fragte die Tänzerin mit sonderbar an-
dächtiger Stimme.

»Ja, es geschieht, Ma'm«, antwortete der Gelehrte sanft.

Man hörte ein leichtes kurzes Klirren, und Macdonald war es,
als sei ihm ein hauchfeiner Schatten an den Brauen vorüberge-
huscht. Martha Grand strich über ihre hohe schwarze Frisur, als
habe sie ebenfalls den Schatten verspürt, dann lächelte sie bleich
und mit falterhaft gesenkten Wimpern.

Als sie wieder draußen standen und sich zum Heimweg an-
schickten, strich ein leichter Wind durch den Eukalyptushain und
verlor sich gegen das Meer hin. Martha lehnte sich gegen einen
der Stämme und legte etwas Rouge auf ihre Wangen. Jetzt erst
sah Macdonald mit einem gewissen Erschrecken, wie eingefallen
ihr Gesicht wirkte. Sie war nie eine Schönheit gewesen, zu groß,
zu mager, zu derbknochig, um vornehmlich auf die Sinne der
Tausende zu wirken, die ihr allabendlich zu Füßen lagen. Ein
Sausen wie aus den Sturmesfittichen des Cherubs hatte von ihren
Gliedern Besitz ergriffen und entriß ihr Abend für Abend Bewegungen, die den Ekstasen der Heiligen, der tragischen Komik
eines weiblichen Don Quichotte, dem letzten Sichaufbäumen eines sterbenden Schwans ähnlicher waren als dem glühenden Sin-
nenzauber einer Salome.

»Ich mache mir Vorwürfe«, sagte Macdonald. »Es scheint dich
mehr mitgenommen zu haben, als ich ahnen konnte.«

»Laß nur«, antwortete sie mit einem matten Lächeln. »Es war
ja weiter nichts zu sehen. Und doch ist alles so unbegreiflich. Wie
recht du damals hattest mit deiner ›Toteninsel‹! Das heißt: nicht
du hattest recht, denn du beabsichtigtest ja nur einen bizarren
Scherz, um dich mit deiner Gelehrsamkeit zu brüsten; ich aber
fühlte irgendwie die grausige Wahrheit, die sich hinter deinen
Worten verbarg. Dies hier ist wirklich die ›Toteninsel‹ des zwan-

zigsten Jahrhunderts: ein possierlicher Fliegenpilz, der unter stillen Eukalyptusbäumen träumt. Aber Sie, Weininger«, sie wandte sich an einen gerade sehr »en vogue« befindlichen Kunstkritiker, der sich der Ausflugsgesellschaft angeschlossen hatte, und der für den Manierismus bekannt war, mit welchem er Abstraktionen der modernen Wissenschaftssprache in die moderne Ästhetik einzubeziehen versuchte. »Sie, Weininger, haben doch neulich wohl Nonsens geredet, als Sie in einer Kritik vom ›Tanz des Elektrons‹ faselten. Wer hat hier etwas von einem ›Tanz‹ gesehen? Unfaßbare Vorgänge, verkleidet von einer grotesken Apparatur. Schade um die Zeit!«

»Schade um vierzig Mikrosekunden?« sagte Weininger. »Seien Sie nicht kleinlich, Martha! Diese vierzig Millionstel einer Sekunde werden Ihnen vielleicht einmal mehr bedeuten als die vierzig Takte aus dem Capriccio der ›Apokalypse‹.«

»Papperlapapp! Sie wollen doch nicht etwa behaupten, daß Sie in dem, was man uns da vorführte, beziehungsweise nicht vorführte, eine Beziehung zum Kunsttanz entdeckt haben?«

»Und wie sehr ich das behaupten möchte, Martha! Nicht nur eine Beziehung, sondern sogar eine präzise Analogie.«

Um Weiningers Augenwinkel zuckte die genießerische Erwartung des ästhetischen Gourmets. »Ich möchte sagen: wir alle hier auf dem Hügel dürfen uns schmeicheln, der unheimlichsten Eulenspiegelei beigewohnt zu haben, die dieses erstaunliche Jahrhundert zu bieten hat.«

Martha zog ein gequältes Gesicht.

»Sehen Sie«, fuhr Weininger fort, »da ist dieses elektromagnetische Schneckenhaus, Zyklotron genannt. Seine Konstruktion ist so beschaffen, daß tatsächlich der Eindruck entstehen kann, als wirbelten da Materiepartikeln mit unvorstellbarer Geschwindigkeit durch die Spiralenbahn. Die Wirkung bestätigt das vorgestellte Modell. Es gibt darüber hinaus Vorrichtungen, mit denen man ein Stück der durchflogenen Bahn sichtbar machen kann. Ja, es gelingt sogar, die winzigen Lichtblitze zu photographieren, die aufprallende Partikelchen auf besonders sensibilisierten Schichten hervorrufen. Alles scheint auf die Existenz wirklicher, mit Substanz begabter Teilchen hinzudeuten; und dennoch: was man

Ihnen da vorführte, ist eine großartige Traumarchitektur. Die Physik hat den Substanzbegriff fallengelassen. Was als wirkende Ursache hinter der Phänomenalität des Wirklichen liegt, ist ein Geheimnis. Es scheinen Strukturen zu sein, Wesenheiten, die zu Phänomenen gerinnen. Auch das Elektron ist nur eine Struktur. Diese Struktur offenbart sich in zwei Zahlen: Ladung und Masse; mehr wissen wir nicht.«

»Wenn ich Ihre mysteriösen Worte richtig deute«, sagte Martha mit leichtem Spott, ohne doch das Erwachen ihrer Anteilnahme völlig verbergen zu können, »wollen Sie sagen, daß die Wesenheiten, die unsere Wirklichkeit ausmachen, mehrere Gesichter haben, von denen wir bisher zwei kennen: ein substantielles und ein formales; und daß es ganz von der Art der Versuchsanordnung abhängt, welches dieser Gesichter uns die Wirklichkeit zeigt. Ist es nicht so, Georgie?« wandte sie sich an Macdonald. »Ich glaube, so ungefähr hast du mir früher einmal die Theorie der sogenannten Komplementarität erklärt.«

Ehe Macdonald zu einer Antwort ausholen konnte, hatte Weininger, in seinem Element, den Ball schon wieder aufgefangen und gab ihn zurück.

»Sie haben recht und unrecht zugleich, Martha. Recht insofern, als Sie die Wellenmechanik für einen Laien gut charakterisiert haben« – er warf einen verschmitzten Seitenblick auf Macdonald, der verärgert sein Nicht-Interesse heuchelte – »und unrecht, weil Sie meine Worte mit einer Theorie identifizieren, deren Vorstellungen ich nicht teilen kann. Ich gehe nicht, wie die Vertreter der Wellenmechanik, von der Ambivalenz des Wirklichen aus, sondern ich leugne überhaupt jede mögliche substantielle Wurzel der Realität und billige ihr lediglich strukturellen Charakter zu. In den Strukturen allein liegt die wirklichkeitsbildende Potenz. Und hier, Martha, berührt sich die moderne Physik mit der Choreographie. Auch der Tanz hat es mit der Dynamik der Formen zu tun. Was er erstrebt, ist die Befreiung von den Fesseln der Physiologie. So betrachtet, gehört er in die vorderste Avantgarde der biologischen Fortentwicklung. Als Sie, Martha, neulich bei Tiffany eine Partie aus Ihrem Medusenballett zum besten gaben, glaubte ich diese Wurzel allen tänzerischen Bemühens deutlich wahrzunehmen: es waren reine Formen, die zur Verwirklichung drängten, Formen, die wie Blitze durch den Plasmaleib der Nerven, Zellen und Neuronen schlugen.«

»Sie schmieren mir aber ganz schön Honig um den Mund, Weininger«, sagte Martha, wider Willen lachend, »außerdem verstehen Sie es, Ihre Florettstiche als Pikanterien zu servieren, merci. Wenn ich also nächstens wieder jenes Prickeln in meinen Waden spüre, das der Arzt als ein Symptom überstrapazierter Gefäße ansieht, will ich mich dankbar Ihrer heutigen Ausführungen erinnern; ich werde dann daran denken, daß die dynamische Struktur der Elektronen daran schuld ist. Es erfüllt mich – dessen dürfen Sie versichert sein – nicht wenig mit Genugtuung, daß es fortschrittliche Geister gibt, die in meiner Anatomie das Gefäß elementarer Formpotenzen erblicken.«

Sie sagte das anscheinend leichthin; und doch war eine Spur von Bitterkeit nicht zu überhören. Lediglich Macdonald mochte spüren, wie sehr Weininger, in seiner eitlen Ahnungslosigkeit, einen empfindlichen Komplex in ihr berührt hatte. Er hatte ihr Eigentliches, den Drang nach Ausdruck und Erlösung ihrer weiblichen Träume, in eine Sphäre der Abstraktion erhoben, die sie als die tiefste Erniedrigung empfinden mußte, die man ihr zufügen konnte. Sie wollte Weib sein, nicht Modell.

Sie erreichten die ersten Häuser von Berkeley. Die Sonne war im Sinken. Martha Grand ging mit den großen, federnden, gespannten Schritten eines Straußenvogels. Ihr enganliegendes dunkelblaues Kostüm legte sich wie ein kühler Panzer um ihre schmalen, knabenhaften Hüften. Der lange, magere Hals, die ausgeprägte, einem halben Sinusbogen nicht unähnliche Linie des Kinns, welche beinahe geometrisch genau am Ansatz des blätterteigzarten Ohrlappens mündete, gaben ihrem Kopf etwas Herbes, Gemeißeltes, das Macdonald, der Italophile, immer als »danteske Strenge« bezeichnet hatte.

Sie standen vor der Garage, wo Macdonald seinen Wagen untergestellt hatte. Er suchte in seinen Taschen nach dem Zündschlüssel, fand ihn jedoch nicht. Martha blickte nervös nach der Uhr.

»Wann beginnt dein Auftritt?« fragte Macdonald.

130

»In knapp zwei Stunden«, sagte sie.

»Hast du lange mit Umkleiden, Schminken usw. zu tun?«

Sie lachte! »Mach dir keine Sorgen. Das Zeitraubendste ist die Frisur. Aber, als ob ich geahnt hätte, daß wir uns verspäten würden, habe ich mich vorher schon für die ›Apokalypse‹ frisiert. Sieht man mir das an?«

Ihr dunkles, glänzendes, volles Haar war nach oben aufgesteckt und endete in einem kunstvollen, beinahe pyramidenförmigen Aufbau, der, ganz wie man wollte, phantastisch oder auch nur modisch-extravagant wirkte.

»Nach ›Apokalypse‹ sieht das eigentlich nicht aus«, lachte Macdonald. »Damit könntest du genausogut mit mir in den ›Mirror Club‹ gehen.«

Einer aus der Partie schlug vor, schnell vorher noch einen Whisky zu trinken, ehe man nach Frisco zurückfuhr. Webster, Marthas Impresario, protestierte wütend, doch mit Lachen und Gejohl überstimmte man ihn.

Als man endlich abfuhr, dämmerte es. In einer halben Stunde begann Marthas Auftritt. Sie verschwendeten keine weitere Zeit mit dem Suchen nach dem verschwundenen Schlüssel, sondern mieteten kurzentschlossen einen anderen Wagen, einen sechssitzigen offenen Cadillac schon älteren Kalibers. Martha fand dieses Vehikel wunderbar. Sie schien etwas beschwipst und setzte sich, hoch über den andern thronend, auf das zurückgeraffte Verdeck und ließ die Beine auf den Rücksitz herunterbaumeln.

»Laß das, Martha«, sagte Macdonald, »es ist gefährlich. Wir müssen schnell fahren.«

Aber sie war eigensinnig wie ein Kind.

»Weißt du noch, Georgie, wie du mich einmal auf deinen Schultern über einen Bach trugst? Es war stürmisch, mein Haar ging auf, und ich saß dir wie eine Furie im Nacken.«

Macdonald sagte nichts darauf. Der Wagen fuhr an. Martha rückte etwas näher und legte ihr rechtes Bein über Macdonalds Schulter. Er hatte sich den ganzen Tag Gedanken um sie gemacht. Das Exaltierte, Burschikos-Saloppe ihres Benehmens stimmte ihn sorgenvoll. Dabei war sie gleichzeitig von einem unbegreiflichen Kummer gezeichnet. Schon am Abend vorher, in der City Hall, war sie ihm, wenn sie die Arme zu unheimlicher Beschwörung erhob, wie eine Kassandra erschienen, die verdammt ist, den Untergang der Welt zu prophezeien, eine Kassandra jedoch, welche die tödliche Gewißheit dieses Endes aus dem Wissen um die eigene Verdammnis nimmt. Er wollte es sich nicht eingestehen, aber der gemeinsam verbrachte Nachmittag in Berkeley hatte ihm eine schreckliche Empfindung aufgedrängt: der Hauch eines nur noch schattenhaften, in seiner irdischen Hülle bereits abgestorbenen Daseins umschwebte ihre Person so stark, daß er ihre körperliche Nähe nur mit Widerstreben ertrug. Er hatte Gewissensbisse deswegen, wollte versuchen, an diesem letzten Abend, der vor ihnen lag, etwas von der kameradschaftlichen Intimität der Vergangenheit wiederaufleben zu lassen. Ob sie sein Zurückbeben bemerkt hatte? Es bestand kein Zweifel. Sie tat ihm leid, aber er konnte ihr nicht helfen. Jedermann hatte damals geglaubt, er würde das »puritanische Streitroß« heiraten. Er selber hatte es manchmal gedacht. Aber im entscheidenden Augenblick war immer wieder jener geheime, kühle Hauch, dieser Katakombenduft um sie gewesen, vor dem seine Sinne schauderten. Er hatte in den fünfzehn Jahren selten an sie gedacht. Wer aber sagte ihm, daß es umgekehrt nicht anders gewesen war?

Sie fuhren an einem Korkeichenwäldchen vorbei, dessen niedriges Geäst hier und da über ihre Köpfe hinwegsauste. Plötzlich ein Rascheln, ein kurzer Schrei – Martha war nicht mehr da. Macdonald schnellte auf, trommelte Webster, der am Steuer saß, wie verrückt auf die Schultern und schrie ihm in den Nacken: »Halten! Halten! Martha ist heruntergefallen.«

»Damn'd«, brüllte ihn Webster an. »Hab' ich euch Idioten das nicht gleich gesagt? Wir verpassen den Auftritt.«

Er wendete den Cadillac und fuhr behutsam zurück. Die Scheinwerfer tasteten den Weg ab. Plötzlich hing Marthas Körper im Strahlenkegel, wie eine Fledermaus. Webster fuhr schneller und hielt neben ihr. Ihr Kostüm war verrutscht und entblößte ein Stück ihrer Schenkel. Von den verzerrten Augäpfeln sah man nur das Weiße. Ihre ein wenig zu kurze Oberlippe gab ein Stück von den langen Zähnen preis. Ein dicker Strang des aufgelösten schwarzen Haares hatte sich wie eine Schlinge um ihren Hals gelegt. Vom Fahrtwind offenbar aufgewirbelt, hatte er sich in dem niedrigen Eichengeäst verstrickt. Ihre Füße mit den Wildlederpumps baumelten etwa drei Handbreit über dem Boden. Macdonald sprang auf den Rücksitz und schnitt den Haarstrang durch. Webster goß einen Brandy zwischen ihre Lippen.

Zehn Minuten später schlug sie die Augen auf.

»Weshalb habt ihr mich geweckt?« sagte sie mit heiserer Stimme. Der Puder ihres Gesichtes war verlaufen. Ihr Blick, in dem das letzte Sichaufbäumen eines sterbenden Geiers verschwamm, traf Macdonald. Er wandte sich ab.

Am nächsten Tage fuhr Macdonald wegen des Schlüssels noch einmal nach Berkeley. Der freundliche Herr, der ihnen das Zyklotron erklärt hatte, empfing ihn.

»Der Magnet ist ein Racker«, sagte er. »Er hat ihn aus Ihrer Tasche gezogen, ohne daß Sie was merkten.«

Außer dem Schlüssel reichte er ihm noch ein kleines, in Seidenpapier gehülltes Päckchen.

»Was ist darin?« fragte Macdonald.

»Es sind einige Haarnadeln aus der Frisur der Dame. Wir dürfen den Magneten in Gegenwart weiblicher Personen nicht mehr anlassen. Ich hätte es der Dame sagen sollen. Hoffentlich ist nichts passiert unterwegs.«

Was ist Elektrizität?

Dorlamm, um ein Referat gebeten,
hält es gern, um dies hier zu vertreten:

»Wenn das Ohm sie nicht mehr alle hat,
heißt es nicht mehr Ohm, dann heißt es Watt.

Jedoch nur, wenn's gradeliegt, liegt's quer,
heißt es nicht mehr Watt, dann heißt's Ampere.

Heißt Ampere, ja, wenn es liegt, nicht rollt,
rollt es nämlich, nennen wir es Volt.

Rollt ein Volt nicht mehr und legt sich quer,
heißt es wieder – wie gehabt – Ampere.

Heißt Ampere, wenn's sperrig liegt, liegt's glatt
Wird es – na wozu wohl schon? – zum Watt

Wird zum Watt, zur Maßeinheit für Strom,
wenn's nicht alle hat. Sonst heißt es Ohm.«

Dorlamm endet, um sich zu verneigen,
doch er neigt sich vor betretnem Schweigen.

»Glaubt es nicht«, ruft Dorlamm, »oder glaubt es –
mir egal!« Und geht erhobnen Hauptes.

Der Mann ohne Licht

[...] Sie stießen an.

Ermutigt durch den Schnaps wagte sich Dill weiter vor und fragte Loder, ob sich da nicht gerade ein neues Buch vorbereite. Ihm klinge alles so in den Ohren, als ziehe Loder bereits die Fäden zu einem tragbaren Plot zusammen. Nicht, daß er ihm durch diese Vermutung zu nahe treten wolle. Aber er könne sich nur schwer vorstellen, daß man sich ein solches Wissen ohne Grund aneigne. Um ganz ehrlich zu sein: er vernehme deutlich den Ton eines älteren Buches, allerdings weiterentwickelt. Er sehe, ohne daß das neue Buch schon geschrieben worden sei, die wesentlichsten Entwicklungen und Übereinstimmungen bereits vor sich. Er habe nicht umsonst alle Bücher von ihm gelesen, sei mit dem Stil nun einigermaßen vertraut.

»Quatsch«, fuhr Loder auf. »Genau das ist das Elend. Kaum redet man freier, meint alle Welt, man schreibe an einem neuen Buch.«

Dill fuhr zusammen. Loders Stimme klang nicht nur wütend, es klang Enttäuschung mit und vielleicht sogar Verletztheit.

»Natürlich gibt es Stoffe«, ließ er sich vernehmen. Aber er habe lange gebraucht, um vom Schreiben wegzukommen. Er habe lernen müssen, die Augenblicke des Lebens zu verschwenden. Erst dadurch, daß er mit dem Schreiben aufgehört habe, sei das Leben für ihn einigermaßen erträglich geworden. »Denken ja«, sagte er, »aber keine Bücher mehr.« Er habe nur sehr mühsam gelernt, ohne Krücken zu gehen.

Loder brachte es fertig, seine Stimmlage so abstürzen zu lassen, daß Dill am Schluß fast eine Selbstanklage heraushörte. Es tat ihm bereits leid, daß er ihm nicht schneller aus der Verlegenheit helfen konnte.

Er habe ihn unterbrochen, log Dill. Sie seien bei der Entdeckung des Feuers gewesen. Da könne man sich durchaus vorstellen, die Zivilisationsgeschichte aus diesem Blickwinkel anzuschauen. Ja –, Dill merkte, wie er unversehens ins Eifern geriet –, auch die berühmten Brände und Brandstiftungen gehörten hierher. Die Namen der großen Brandstifter wie Nero, der Rom immerhin in eine Fackel verwandelt habe. Vergebens frage man dagegen nach alle jenen, die die Brände zu löschen versucht hätten. Alexandria – mit dieser Erwähnung glaubte Dill Loder einen besonderen Gefallen zu tun. Er stürzte den Klaren in sich hinein, und auf Anhieb fielen ihm auch all die Freudenfeuer ein. Die Saturnalienfeste, die Feuerwerke des Barock. Welch vollkommenste und doch flüchtigste aller Künste! Ja, rief Dill begeistert, da er endlich mit seiner Bildung aufwarten konnte, les Feux de Joyes in Frankreich. Nur was uns brennt, habe Nietzsche gesagt, bleibe einem im Gedächtnis.

»Wir sollten noch einen bestellen«, sagte Loder.

Er erhob sich und ging auf die Toilette. Etwas später, noch bevor er sich richtig gesetzt hatte, murmelte er »Paris, ville de lumière« und begann schließlich zu reden, als hätte Dill nie etwas gesagt.

»Hier feierte die Aufklärung des 18. Jahrhunderts ihre größten Triumphe, und hier erhoben hundert Jahre später die neuartigen Bogenlampen die ganze Stadt zu einer festlichen Kulisse.«

Loder sprach nun mit einem schelmischen Unterton, seine Äuglein funkelten.

»1888, als das künstliche Licht Edisons seinen Siegeszug antrat, unterbreitete der Architekt Jules Bourdais der Weltausstellung das Projekt eines Sonnenturms. Ein Turm von 360 Metern Höhe, eine Art Leuchtturm, dessen Licht ganz Paris erhellen sollte. Diesen Traum träumte auch der Utopist Mercier in seinem Roman »2440«. Das Licht wird die Straßen von Paris nicht nur erhellen, sondern auch von jeglichem Schmutz und der Prostitution reinigen. Das Licht ist der Garant für Moral und Sauberkeit. Gottlob wurde damals dem Projekt eines gewissen Gustave Eiffel der Vorzug gegeben.

Im August 1889 landete der Erfinder der Glühbirne, Edison, in Frankreich, um auf der Weltausstellung das Band der Ehrenlegion entgegenzunehmen. In seinem Ausstellungstrakt war eine vollständige Beleuchtungszentrale errichtet worden. Die Flaggen von

Frankreich und Amerika wurden durch farbige Glühbirnen dargestellt. Edison liebte den Firlefanz; er war ja nicht nur ein glänzender Showman, der seine Ideen gut zu verkaufen wußte, sondern auch ein ganz gehöriger Kindskopf. Neben seinem Phonographen zog seine Lichtfontäne am meisten Volk an. Ein König im Reich der Wissenschaft, dem die ganze Menschheit zu Dank verpflichtet ist, so titelte damals der Figaro. Aber Edison war, wenn ich so sagen darf, nur primus inter pares unter all den Erfindern jener Zeit. Da gab es auch einen Joseph Swan, Lane-Fox und Maxim, die ihre Verdienste hatten. Und ob die ganze Menschheit seinen Erfindungen dankbar sein sollte, steht auf einem anderen Blatt.

Technisch gesehen ist die Edisonsche Glühbirne eine Weiterentwicklung der Lampe von Argand. Argand hatte bereits das Problem des Dochtes auf seine Weise zu lösen versucht. Der Gaszylinder der Argandlampe präludierte den Edisonschen Glasmantel, der regulierbare Docht den späteren Lichtschalter, der Glühfaden ersetzte die Flamme. Trotzdem bleibt die Erfindung des künstlichen Lichts unzertrennlich mit dem Namen Edison verbunden. Der große Umbruch, der die Moderne nicht nur im Denken, sondern auch in den gedankenlosen Alltag einführte, kam mit der Glühbirne.

Elektrizität, eine Teufelssache damals, fast der Stein der Weisen. Der alte Goethe, der ja zu allem was zu raunen hatte, nannte sie eine Weltseele.

Strom, gleitend, fließend, unsichtbar und geruchslos, war ein Lebenselixier. Die romantische Medizin setzte ihn ein gegen nervöse Bresten und hysterische Anfälle. Ein deutscher Physiker lud damit schöne Frauen auf, damit sie – beim Küssen – ihren Kavalieren einen Schlag versetzten. Es gab elektrische Betten, in denen die schönsten und kräftigsten Kinder gezeugt werden konnten. Auf den Straßen dagegen spannten die Damen Regenschirme auf, um nicht zuviel von der elektrischen Energie der Straßenlampen abzukriegen. Das also war der Stoff, mit dem Edison seine Träume realisierte. Die Glühbirne, den Phonografen, aber auch den elektrischen Stuhl. In seinem Labor in West Orange stellte er wahllos Hund und Katzen auf Metallplatten. Die Platten standen unter Hochspannung und die Viecher krepierten auf der Stelle. Edison wollte damit die Gefährlichkeit des Wechselstroms beweisen, da dieser von einem Konkurrenten verwaltet wurde. Der Erfinder irrte, wie noch so oft. Der Wechselstrom hat sich durchgesetzt. Denn statt einer Abschreckung wies Edison gerade durch seine Experimente auf die Vorzüge des Wechselstroms hin. 1890 wurde der erste Mensch auf einem unter Wechselstrom stehenden Stuhl hingerichtet. Sauber und schmerzlos.

Das eigentliche Verdienst, das Edison bei der Erfindung des künstlichen Lichts gebührt, besteht darin, daß er den Docht rationalisierte.

Bekannt war, daß das Verglühen eines Dochtes durch ein Vakuum verzögert werden kann. So experimentierte der Erfinder Tag und Nacht an einem geeigneten Glühfaden herum, den er im Vakuum des Glasmantels zum Glühen bringen konnte. Er ging zuerst von organischen Materialien aus, die er verkohlte. Papier, Garn, Zelluloid, Holz, Menschen- und Tierhaare. Während eines Ferienaufenthalts in Florida entdeckte er die außerordentliche Glühfähigkeit von Bambusfasern.«

Loder nahm die kalte Zigarre aus dem Aschenbecher und fing an, daran zu nuckeln.

»Die ganze Kultur hing damals an einem Faden. Edison untersuchte über sechstausend Pflanzenfasern. In solchen Zeiten pflegte er sich tage- und wochenlang in sein Labor zurückzuziehen und vernachlässigte seine Familie. Schließlich sandte er Männer aus, nach Japan und China, um nach dem Bambus zu suchen. Einer von ihnen ging in Kuba an Gelbfieber zugrunde. Ein anderer war fünf Monate auf dem Amazonas unterwegs, gebeutelt von den Strapazen einer Tropenreise kehrte er ohne Ergebnisse heim. Vielleicht doch nicht ganz ohne Ergebnisse, denn kurz darauf verschwand er in den Docks von Westside und ward nie mehr gesehen.

Doch Edison war nicht zuletzt für seine Unbeirrbarkeit berühmt. Seine Entdeckungen glichen endlosen Irrfahrten, die nur scheinbar ohne Ziel und Steuerung waren. Er war stur. Er sandte immer neue Männer aus, nun nach Indochina, Ceylon und Indien. Es war wie die Suche Jasons nach dem Goldenen Vließ. In der Zwischenzeit heizte er die Gerüchteküche über eine große bevorstehende Erfindung an, brachte die Wallstreet durcheinander, wo man schon lange den Sturz der Gasbarone befürchtete. Während er unermüdlich im Labor im Kreis seiner engsten Mitarbeiter – darunter der Schweizer Krüesi – weiterarbeitete, während seine Kundschafter die Welt nach dem einen Faden durchstöberten, schrieb Jules Verne seine Romane.

Die Erfindung des künstlichen Lichts erforderte übrigens die umfangreichsten Studien und raffiniertesten Experimente. Für Edison drohte das ganze Unternehmen in einem finanziellen Fiasko zu enden. Immer wieder mußte er nach Geldgebern suchen und sie von seinen Visionen überzeugen. Dabei entwarf er ihnen eine Welt voller Licht, eine heitere, saubere und von schlechten Gerüchen verschonte Gesellschaft. Er pries ihnen die Segnungen seiner Erfindungen, die er nur zum Wohle der Menschen gemacht habe und weiter machen würde. Er war überaus gewitzt. Doch kam gerade in solchen Zeiten das Gefühl bei ihm auf, von Gott und der Welt verlassen zu sein. Dann suchte er Trost in der Literatur und las die Erzählung Victor Hugos, in der ein Mann in eigener Regie ein auf ein Riff gelaufenes Schiff rettet. Edison liebte solche Geschichten, in denen die Natur mit List und Erfindungsgabe übers Ohr gehauen wird. Er stand ja im Ruf, mit überirdischen Mächten in Verbindung zu stehen. Er selbst verglich sich mit den Titanen, die den Göttern das Feuer raubten.

Vielleicht aber verdanken oder schulden wir die Erfindung der Glühbirne einem ganz anderen Umstand. Vielleicht suchte Edison mit seinen rastlosen Erfindungen eine alte Schuld abzugelten. Vielleicht plagte ihn das Gewissen, dem Fortschritt nicht nur sein eigenes, sondern auch das Leben anderer geopfert zu haben. Kultur, um auf ihren Satz zurückzukommen, Kultur wurde von Nietzsche als vergeistigte Brutalität verstanden.« [...]

LUIGI MALERBA

Der elektrische Wind

Ich nenne ihn »elektrischen Wind«, denn wie beim Wind weiß man nicht, woher er kommt und wo er schließlich bleibt. Mehr oder weniger spüren wir alle gelegentlich abends beim Nachhausekommen, wenn wir uns die Haare kämmen oder den Wollpullover ausziehen, das Knistern dieses »Windes«. Wenn der Himmel von niedrigen, schwarzen Wolken bedeckt und die Luft mit Elektrizität geladen ist, passiert es mir sogar, daß ich auf dem dunklen Treppenabsatz vor meiner Wohnung, während ich den Schlüssel dem Türschloß nähere, sichtbare elektrische Funken erzeuge. Ich habe mir über diese harmlosen Erscheinungen nie Gedanken gemacht. Doch als eines Tages eine Glühbirne zwischen meinen Händen aufleuchtete, begann ich mir Sorgen zu machen.

Ich erzählte niemandem etwas davon, auch nicht meiner Frau, die jede Gelegenheit nutzt, um sich über mich lustig zu machen. Bei diesem Phänomen war mir keineswegs nach Scherzen zumute. Statt dessen nahm ich probehalber eine andere Glühbirne in die Hand und sah, daß auch sie zu leuchten begann, wenn ich mit einem Finger der einen Hand das Gewinde und mit einem Finger der anderen Hand den verbleiten Kontaktpunkt berührte. Nach ungefähr zehn Minuten wurde das Licht langsam schwächer und ging schließlich ganz aus. Ich stellte fest, daß die Glühbirne weiterbrannte, wenn ich die Finger der beiden Hände wechselte. Kurz, meine Finger funktionierten wie die beiden elektrischen Pole des Hausstroms, die ohne weiteres austauschbar sind. Ich hatte schon immer ein sozusagen elektrisches Temperament, das heißt, ich war den Phänomenen der Elektrizität gegenüber besonders sensibel, doch die Lage spitzte sich zu, als ich in einer großen Zahnarztpraxis als Buchhalter angestellt wurde. Ich merkte sofort, daß dort irgend etwas sonderbar war und ich mich tagsüber stärker als sonst mit Elektrizität auflud.

Die Praxis befindet sich im obersten Stockwerk eines Gebäudes, das aus Metallträgern, Betonfertigteilen und Glas gebaut ist.

Durch alle Räume ziehen sich schwarze Rohre, die mit einer gewissen Eleganz angeordnet sind, so als gehörten sie zur Innendekoration, aber in diesen Rohren verlaufen die elektrischen Leitungen, die für die Apparaturen in der Praxis erforderlich sind. Durch diese elektrischen Leitungen entstehen offenbar sehr starke Magnetfelder, weshalb ich jeden Abend wie eine Batterie mit Elektrizität aufgeladen nach Hause kam. Aber Batterie ist nicht das richtige Wort, denn eine Batterie wird, wenn sie leer ist, weggeworfen, während ich mich automatisch wieder auflade. Genaugenommen, müßte ich von mir als Akkumulator reden. Doch auch das trifft es nicht, denn Autobatterien werden mit Hilfe eines Dynamos aufgeladen, während ich mich mittels Induktion durch Magnetfelder auflade.

Ich arbeitete seit wenigen Tagen in dieser Zahnarztpraxis, da verursachte ich eines Abends mit meinen Fingern, als ich den Stecker des Fernsehers in die Wandsteckdose steckte, eine Entladung von grünlichem Licht und setzte den Fernseher außer Betrieb. Ich mußte einen Techniker kommen lassen. Er erklärte mir, es sei nichts Schlimmes, die Schmelzsicherung sei nur herausgesprungen, durch einen Blitz vermutlich. Ich habe ihm nicht gesagt, daß ich persönlich dieser Blitz war.

Wie schon gesagt, habe ich meiner Frau nichts von diesem Phänomen erzählt, aber sie ist trotzdem dahintergekommen. Durch eine Unvorsichtigkeit von mir. Eines Morgens, während ich mich rasierte, fiel der Strom aus, und ich nahm die beiden Kabelenden des Elektrorasierers in die Hände. Der Rasierer lief wieder, und ich rasierte mich weiter. Meine Frau ging an der Badezimmertür vorbei, hörte das Surren des Rasierers und wollte unbedingt wissen, wie ich es fertigbrächte, daß er ohne Strom funktionierte. So mußte ich ihr alles erklären.

Hätte ich das nur nie getan! Auf ihr Drängen hin mußte ich versuchen, den Fernseher, ein tragbares Radiogerät, den Plattenspieler, den Mixer, die elektrische Käsereibe und die Kaffeemühle in Gang zu setzen. Dann gingen wir zum Bügeleisen über, zum Staubsauger und zur Bohnermaschine. Statt sich um all diese elektrische Energie, die ich im Körper hatte, Sorgen zu machen, schien meine Frau wirklich glücklich zu sein. Sie ist eine intelligente Frau, hat aber einen übertriebenen Hang zur Sparsamkeit. Sie rechnet langfristig oder, wie sie es nennt, perspektivisch. Hundert Lire am Tag zu sparen, bedeutet mir nichts. Sie dagegen rechnet, daß das sechsunddreißigtausend Lire im Jahr ergibt. Wirfst du sechsunddreißigtausend Lire weg? Nein, das tue ich auch nicht. So brachte sie mich vor einigen Monaten dazu, einen neuen Geschirrspüler zu kaufen, der weniger verbraucht als der, den wir hatten. Ich gab siebenhunderttausend Lire dafür aus, die ich – auch ich habe mir angewöhnt, perspektivisch zu rechnen – in rund zwanzig Jahren wieder eingespült haben werde, wenn man so sagen kann.

Sie rechnete aus, wieviel Strom wir sparen könnten, wenn wir meine eigene Energie nutzen würden. Warum sollen wir dem Staat Geld schenken, wo wir doch die Energie nutzen können, die wir gratis im Haus haben? Wenn ich abends nach einem Arbeitstag müde nach Hause kam, gab mir meine Frau zwei Kupferplättchen in die Hand, die mit den beiden Drähten eines Elektrokabels verbunden waren, das den Fernseher in Betrieb setzte. Manchmal kam ich mit einer zu hohen Spannung nach Hause, so daß die Schmelzsicherungen heraussprangen. Meine Frau kaufte ein Handbuch für Elektrotechnik und nahm sich sofort der kleinen Probleme dieses Falles an. Sie verband die beiden Kupferplättchen mit einem Transformator, der einen regulierbaren Eingang und einen Ausgang für 220 Volt hatte und außerdem einen Stabilisator, um Stromschwankungen auszuschließen. Ich hatte beobachtet, daß die Spannung, wenn ich nervös wurde, schlagartig anstieg und daß ich damit Schäden an den Haushaltsgeräten verursachen konnte. Sie freilich war in kürzester Frist Expertin geworden und sprach ganz selbstverständlich von Spannung, Stromstärke, Widerstand, Induktion, Magnetfluß, leitenden und nichtleitenden Materialien usw. Ich hingegen verwechselte immer noch Watt und Volt. Inzwischen ließ mich meine Frau, auch wenn ich gar nicht fernsehen wollte, im Sessel Platz nehmen, gab mir, wie üblich, die beiden Kupferplättchen in die Hand und ging selber in die Küche, wo sie mit Hilfe einer Verlängerungsschnur ihre Geräte in Gang setzte. Eines Tages bekam sie einen Schlag, von dem sie in Ohnmacht fiel. Ich dachte, daß sie mich nun eine

Weile in Ruhe lassen würde, aber statt dessen kaufte sie sich ein Paar Schuhe mit Korksohlen und fing von neuem an, mit ihren Haushaltsgeräten auf die gewohnte Weise zu hantieren.

Eines Abends gab sie mir die beiden Kupferplättchen in die Hand und entfernte sich mit der Verlängerungsschnur. Ich dachte, sie würde die üblichen Geräte in Betrieb nehmen, doch nach einer Weile kam sie zurück, um mir mit geradezu kränkend vorwurfsvoller Miene mitzuteilen, ich sei nicht einmal imstande, den Geschirrspüler laufen zu lassen. Er hat sich zwar in Bewegung gesetzt, sagte sie, ist aber nur einen Spülgang lang gelaufen und dann stehengeblieben. Der Geschirrspüler hat ja auch einen enormen Verbrauch, sagte ich, um mich zu rechtfertigen. Du hast die Herdplatte geheizt und die Steaks gebraten, antwortete sie, da wirst du es doch wohl schaffen, auch den Geschirrspüler laufen zu lassen. Ich wußte nicht, daß die Steaks, die meine Frau zum Abendessen auf den Tisch brachte, auch wenn wir Gäste hatten, von mir gebraten worden waren. Warum hatte sie mir das verheimlicht? Jetzt ging es mir gegen den Strich, daß sie mir zumutete, auch noch das Geschirr zu spülen.

Ein paar Tage lang redete ich kaum ein Wort mit ihr. Bis sie mit einer neuen Idee ankam: Wenn du sogar aus Magnetfeldern Energie aufnehmen kannst, warum nimmst du nicht gleich eine Steckdose? Toll, sagte ich, wenn ich Strom aus der Steckdose nehme, finden wir das am Monatsende auf der Stromrechnung wieder. Meine Frau hatte aber etwas anderes vor: Nach ihrer Vorstellung sollte ich die Stromleitung der Praxis, in der ich arbeitete, anzapfen. Das ist doch Diebstahl, wandte ich ein. Daraufhin wetterte meine Frau gegen meine Arbeitgeber, die mich miserabel bezahlten und mir auch eine Gehaltserhöhung abgeschlagen hätten. Weißt du, daß die Zahnärzte Millionen im Jahr verdienen und nicht einmal Steuern zahlen? Ich werde niemals jemandem Strom stehlen, entgegnete ich, nicht einmal einem Zahnarzt, denn ich bin kein Dieb. Und obendrein sollte ich ihn auch noch stehlen, nur um Geschirr zu spülen? Wenn es nach dir ginge, sollte ich meine Ehrlichkeit und zudem noch meine Würde aufs Spiel setzen? Ich denke überhaupt nicht daran!

Und doch konnte ich der Versuchung nicht widerstehen. Eines Tages habe ich mich, ohne daß es jemand merkte, einen Draht in der rechten, einen in der linken Hand, an eine Steckdose in der Zahnarztpraxis angeschlossen, drei Stunden lang. Als ich nach Hause kam, sagte ich: Mal sehen, ob ich es schaffe, den Geschirrspüler laufen zu lassen, nur aus Neugier natürlich. Meine Frau begreift immer alles im Handumdrehen und stellte mir keine lästigen Fragen. Der Geschirrspüler begann zu laufen und hörte erst mit dem Ende des Spülprogramms auf. Meine Frau war begeistert und erhob keine Einwände, als ich sagte, es handle sich nur um einen Versuch und weiter nichts.

Aber auch ich wußte, daß ich schließlich doch nachgeben würde. So bin ich zum Stromdieb geworden. Abends komme ich aus der Praxis mit einer solchen Ladung im Körper nach Hause, daß jemand, der mich berührt, Gefahr läuft, von einem Stromschlag getroffen zu werden. Ich muß ziemlich aufpassen, denn ich riskiere, außer zum Dieb, auch noch zum Mörder zu werden. In einem Augenblick der Verzagtheit habe ich einmal daran gedacht, meine Frau mit einem Blitz zu erschlagen, aber, von der Sache mit dem Geschirr abgesehen, habe ich sie wirklich gern und könnte nie ohne sie leben. Sie beutet mich zwar aus, aber sie tut es für die Haushaltsbilanz, nicht um sich Kleider und Pelze zu kaufen, wie so viele. So habe ich mich damit abgefunden und lasse nicht nur die kleinen Geräte laufen, sondern auch den Geschirrspüler, die Waschmaschine und die Boiler. Seit kurzem haben wir uns eine Klimaanlage in der Wohnung installieren lassen, und im Sommer lasse ich auch sie laufen. Doch ich bin mit meinem Leben nicht zufrieden. Nach und nach fühle ich meine Identität als Mensch schwinden, und abends, wenn ich entladen bin, überfällt mich eine tiefe Melancholie, und ich stelle mir all jene Fragen, die ein Mensch sich niemals stellen sollte. Meine Frau hat nichts davon gemerkt, sie beutet mich weiter wie ein Elektrizitätswerk aus, hin und wieder macht sie sich sogar über mich lustig und nennt mich den Elektromann. Ich glaube wirklich, früher oder später warte ich, daß sie sich die Schuhe mit den Korksohlen auszieht, und dann schließe ich meine Arme um sie zu einer tödlichen Umarmung.

DIETER E. ZIMMER

!Hypertext! – Eine Kurzgeschichte

Leider hatte er sich nicht gemerkt, wer ihm diesen Karton geschenkt hatte. In einem fort waren sie aus dem Schummer des Hotelsalons auf ihn zugetreten, hatten seine Hand kraftvoll gepreßt, versonnen gewogen, schlaff angetastet, hatten ihren Vers aufgesagt, manchmal auf ihr Mitbringsel gedeutet, das sie auf dem Tisch in seinem Rücken deponiert hatten, und sich dann zu dem anderen Tisch verzogen, wo die von Zahnstochern erdolchten Canapés aufgebahrt waren.

Zu dumm, daß der sich nicht erinnerte. War es Fra Diavolo gewesen, der werte Kollege, sein intimer Feind aus vielen Fakultätssitzungen, der sich seinen Spitznamen damit verdient hatte, daß er zwischen seinen wohlüberlegten Perfidien frohgemut Arien vor sich hin pfiff? War es Bockfuß, dieser wendige kleine Dicke aus der Kulturbehörde, dem man immer leicht geniert auf die polierte Glatze blickte, über die er sorgfältig ein paar einzelne Haare gekämmt hatte? Oder dieser glatte Schönling, zweifellos ein Mann von Vermögen und Geschmack, der ihm irgendwie bekannt vorkam, den er aber partout nirgends unterzubringen wußte – dieser Kerl mit dem weißen Anzug und der seidigen Aussprache, von dem ein leichter Zündholzgeruch ausging?

Schade, schade. Dabei hatte er während des Empfangs noch gar nicht gewußt, wie schwer der Karton war; aber zu groß war er ihm gleich vorgekommen. Als Inhaber eines Lehrstuhls für Philosophie an der hiesigen Universität hatte er sich mit den Jahren zwar ein gewisses sparsames Ansehen erredet, erschrieben, erstritten, ersessen. Aber er gab sich keiner Illusion hin: Beliebt war er nicht, noch nicht einmal geachtet, bestenfalls gefürchtet. Einem wie ihm machte man zum sechzigsten Geburtstag keine spendablen Geschenke. Eine nicht gar zu bibliophile Ausgabe als Gemeinschaftsgeschenk der Kollegen, die ihm wohlgesonnen waren – in dieser Preislage spielte es sich in der Regel und völlig zu Recht ab; eine schlaue neue Software von den Freunden; eine edle

Flasche Cognac von den Feinden, die wußten, wie sehr er diese Flüssigkeit verabscheute, und sich den Spaß nicht entgehen lassen wollten, ihn zu einem artigen Dankeschön zu nötigen. Fra Diavolo übrigens war es nicht gewesen, fiel ihm ein; der hatte ihm tatsächlich diesen teuren Cognac verehrt. Hatte er noch schlimmere Feinde? Die ihn durch die Größe ihrer Gabe beschämen wollten? Vielleicht war es aber auch nur einer jener Sykophanten gewesen, wie sie um jeden Lehrstuhl schwänzeln, in der hartnäckigen Hoffnung, daß man ihren bisher gnädig verkannten Unfug das nächste Mal bitteschön zitiere.

Jedenfalls löste er jetzt das pinkfarbene moirierte Geschenkband nur widerwillig und schlitzte dann die Klebebänder auf. Geformtes Styropor knirschte trocken und brach beim ersten derberen Zugriff. Ein Elektrogerät. Nein, ein Computer? Es wurde immer peinlicher. Er hatte außerdem schon zwei. Er brauchte keinen dritten.

Er hob ihn aus dem Karton, der nur den ironischen Aufkleber »Nicht stürzen!« trug, stürzte fast mit dem Gehäuse im Arm, für das er keine Unterlage finden konnte, schob dann ein paar Bücher beiseite, stellte ihn ab, holte auch noch den Monitor hervor und sah sich sein Geschenk an. Noname, offenbar; das beschwichtigte ihn ein wenig, denn es minderte die Dankesschuld. Das Ding sah absolut gewöhnlich aus. Das Gehäuse aus Plastik in der Farbe von Hausstaub. AT-Tastatur. Ein paar serielle und parallele Normschnittstellen. Ein Laufwerk, oder nein, da war noch ein Schlitz, ein längerer. Disketten in diesem Format hatte er nicht. Hatte er auch noch nie gesehen. Schon wieder ein neues Diskettenformat, dachte er. Vielleicht ein Werbegeschenk? Irgendein Hanswurst, der ein neues Diskettenformat ausgeheckt hatte und sich wohl eine Endorsement von ihm erhoffte. Richtig, unten im Karton lag noch eine schmale Plastikschachtel, und in der befand sich eine Scheibe. Sie schillerte spektral. Oha, dachte er. Nicht einfach ein neues Diskettenformat, sondern wohl ein neues Speichermedium, vielleicht CD-ROM? Er kam nicht umhin, das ungewünschte Geschenk mit wohlwollenderem Blick zu mustern. Die Silberplatte wies keinerlei Etikett auf. Handbücher lagen nicht bei. Nirgends hatte wenigstens irgendein TÜV seinen Unbedenklichkeitsstempel hinterlassen. Die Plastikschachtel, der er die Platte entnommen hatte, trug in distinguierter Goldprägung nur ein einziges Wort: !Hyper-Text!.

Eigentlich wollte er heute abend mit B. in die Habana-Bar gehen und dann bald schlafen. Aber vielleicht... Eine Viertelstunde hatte er noch. Er konnte sich die Chose ja einmal kurz ansehen.

Er steckte das Kabel in die Steckdose. Die LED-Anzeige am Computer blieb tot. Er rüttelte am Netzkabel; es knisterte, im Computer ruckte etwas, dann erstarb er von neuem. Typisch, dachte er – High Tech, aber einen Stromstecker, der fest sitzt, bringen sie nicht zuwege. Dabei ist alle Arbeit für die Katz gewesen, wenn plötzlich der Strom wegbleibt. Er schob das Kabel so tief hinein wie möglich. Jetzt lief er. Er schob auch die schillernde silbrige Platte hinein, holte sich mit dem Spann des rechten Fußes einen Hocker heran, setzte sich auf die Kante und beobachtete den Monitor. Der Computer absolvierte seine Prüfroutinen, meldete, daß alles »OK« sei, zeigte kurz an, daß irgendein »Gedächtnis befähigt« wurde und dann noch eines und dann noch eines, eine ziemlich lange Arie alles in allem, aber als der Computer schließlich resigniert piepte, weil er irgendeinen Treiber nicht auftreiben konnte, war das wohl auch als Kadenz gemeint, denn gleich darauf endete der öde Spuk auf die platteste Weise. Auf dem Bildschirm stand das unvermeidliche Prompt C:> und nichts sonst.

Mechanisch tippte er DIR. Die CD-ROM-Platte, wenn sie eine war, setzte sich scharrend in Bewegung. Über den Bildschirm lief das Inhaltsverzeichnis: Zeilen, die er so schnell nicht entziffern konnte und die gar kein Ende nehmen wollten. Donnerwetter, dachte er, da ist ja eine Menge drauf. Dann kam die Schriftrolle zum Stillstand. Anscheinend waren es noch nicht einmal die Dateien gewesen, sondern nur Verzeichnisse. Nur jetzt am Ende waren zwei einzelne Dateien angezeigt. Er mußte lachen. So war die Computerwelt: AUTOEXEC.BAT und CONFIG.SYS. Dann sah er sich die Namen der Verzeichnisse darüber an. Ihnen war nichts zu entnehmen; ein undurchsichtiger Code, HAX$_3$ZZ-1, PAX$_3$ZZ-2, MAX$_3$ZZ-3... Er machte sein CD, öffnete PAX$_3$ZZ-2 und bat um den Inhalt. Wieder das gleiche: eine Liste, die kein Ende nehmen wollte. Er ließ sie durchlaufen, während er sein Gesäß etwas bequemer unterbrachte, und ließ sie sich dann noch einmal seitenweise zeigen: Wieder nur Verzeichnisse. Er notierte sich einen Namen oXboX$_{13}$H, und öffnete dieses Verzeichnis. Dasselbe Spiel: eine neue Liste von Verzeichnissen. Auf diese Weise war der Maschine offenbar nicht so rasch beizukommen. Mit vielen Pünktchen tastete er sich zum Stammverzeichnis zurück und überlegte.

Einstiege. Die Gepflogenheiten der Branche. Er schrieb INSTALL. Sofort sprang ihm eine kleine Box entgegen: »!HyperText! schon ist Installiert.« Die Box verschwand. Wieder stand nur das C:-Prompt auf dem Monitor. Naja, dachte er, dann kann es eigentlich nur dies sein, und tippte »HYPOTZEXT! »Falscher Dateiname«, kam zurück. Er sah sich an, was er geschrieben hatte, beseitigte den Tippfehler und betätigte die ENTER-Taste. »*You who enter...*«, knurrte er verächtlich. Aber jetzt zeigte sich immerhin Wirkung. Die Platte surrte, eine scheppernde Jahrmarktsfanfare ertönte, in der er eine alte Stones-Nummer zu erkennen meinte, »*Please allow me to introduce myself...*« Sehr sinnig, dachte er. Der Bildschirm wurde hell, über ihn hin flirrten kunstvolle bonbonfarbene Schlieren. Alsbald kamen sie zur Ruhe. Jetzt stand nur noch eine einzige Zeile mitten auf dem Bildschirm:

Willkomm zu !HyperText!

Schon wieder typisch, dachte er. High Tech, aber die Idioten bringen keinen richtigen deutschen Satz zustande. Nur diese Zeile. Kein Prompt. Keine Statuszeile. Nichts. Er drückte irgendeine Taste, nichts geschah. Er drückte F1, aber keine »Hilfe« kam ihm entgegen. Er drückte nach und nach alle Taste, aber die Maschine rührte sich nicht. Er versuchte Tastenkombinationen, erst aufs Geratewohl, dann systematisch, obwohl er schon bei ALT-CTRL-F9 wußte, daß auch ALT-CTRL-F12 zu keiner Reaktion führen würde. Ein Scherzartikel also, dachte er. Ein invertierter Krampus: Du denkst, gleicht springt dir etwas ins Gesicht, aber dann passiert gar nichts. Und da er nicht weiterwußte, schaltete er das Ding ab.

Es war schon reichlich spät. Er mußte sich noch die Krawatte abnehmen, für die Habana-Bar. Während er in den Rasierspiegel starrte und sich vor Selbstekel schüttelte, fiel ihm plötzlich die Maus ein. Richtig, er hatte es gar nicht mit der Maus versucht.

Vielleicht verschaffte ihm die Maus den Eintritt. Er ging eilig in seine Studierstube, stöpselte eine Maus hinzu, schaltete den Computer ein, wartete ungeduldig die Litanei ab, tippte !HYPER-TEXT!, wurde auf dieselbe mangelhafte Weise begrüßt, entdeckte in der Ecke des Bildschirms tatsächlich eine kleine Maus mit spitzer Schnauze, schob die echte Maus auf ihrer Unterlage ein wenig hin und her und überzeugte sich, daß ihr symbolisches Gegenstück auf dem Bildschirm alle Bewegungen mitvollzog. »Eine Maus soll dich geleiten«, sagte er leise, setzte sie auf das Wort !HyperText! und klickte es an. Das Maus-Icon machte ein paar Knabberbewegungen mit der Schnauze (»Der Humor der Softwareingenieure«, stöhnte er), dann verschwand die Zeile. So also kam man hinein. Obwohl der neue Text auf dem Bildschirm auch noch nicht gerade eine Sensation war:

!HyperText! ist eine nichtlinear relationale Datenbank, die Informationen in mehreren der menschlichen Wahrnehmung angepaßten Ausgabemodi enthält.

Wir werden besser, dachte er. Das ist wenigstens sachlich und fehlerfrei ausgedrückt zudem. Im übrigen wußte er vage, was Hypertext war, Hypertext im allgemeinen, nicht dieses Produkt mit dem Namen !HyperText!, genau genommen !HyperText!^{HM}. Ein wie üblich etwas marktschreierisches Wort für eine simple, aber hübsche Idee. Eine Art Gliederungshilfe: Man schreibt seine Sachen sozusagen auf verschiedene miteinander verknüpfte Ebenen, und der Leser dann braucht sich nur jene davon zu Gemüte zu führen, die ihn gerade interessieren. Braucht nur die Überschriften zu lesen, nur die Zusammenfassungen, kann bei Bedarf aber auch zu den vollen Texten hinabsteigen und von diesen sogar noch weiter, zu diversen Erläuterungen. Sozusagen eine hypertrophe Fußnotenverwaltung, eine für Fußnoten in den Fußnoten und Fußnoten zu den Fußnoten der Fußnoten – und darum entwicklungsfähig. So wußte er jetzt auch schon im voraus, was geschehen würde, wenn er das Wort »Datenbank« anklickte: Er erhielte eine Definition des Begriffes »Datenbank«. Richtig: »Ein Datenbanksystem besteht aus Datenbasis und Systemprogrammen. Der Zugriff erfolgt...« Ganz nett, aber so sagte es auch sein Computerlexikon; wahrscheinlich war es dort sogar abgeschrieben. Er scrollte sich bis zum Ende des Artikels vor. Dort fand sich ein kurzes Literaturverzeichnis. Er wußte, was er zu tun hatte. Er klickte den ersten besten der aufgeführten Artikel an: Sarkophil CC, ZfHE 37, 9, 1978, p 55 ff. Erst dachte er, dieser !HyperText! ginge so weit denn doch nicht, denn es tat sich nichts. Aber dann wurde ihm klar, daß die Maus auch nicht geknabbert hatte, also wohl nur sein Klick nicht angekommen war, und er wiederholte ihn. Es erschien ein kurzes Abstract von Sarkophil usw., der irgendeine Retrievaltechnik zu beschreiben schien, die ihn den Teufel interessierte. Aber neben dem Abstract erschien auch ein kleines Pop-up-Menü auf dem Bildschirm. Es enthielt nur zwei Punkte: »Volltext« und »Abbruch«. Er klickte auf »Volltext«. Alle Achtung! Jetzt erging sich Sarkophil in voller Pracht und Länge. Er verließ ihn und überlegte von neuem. War nicht irgendwo von mehreren Ausgabemodi die Rede gewesen? Beherrschte diese Maschine außer Text vielleicht auch Grafik?

Er kehrte zu Sarkophils Artikel zurück und blätterte. Tatsächlich, schon auf Seite 3 stand ein Histogramm, das der Bildschirm sogar in wunderschönen Farben wiedergab. Erst jetzt fiel ihm die hohe Auflösung dieses Monitors auf: Es waren so gut wie keine Bildpunkte zu erkennen, und er erinnerte sich, daß vorhin auch jener Mick-Jagger-Song, jenes *I'm a man of wealth and taste*« zwar klirrig, aber ungewohnt voll geklungen hatte. Ein Verdacht kam ihm in den Kopf, er ging hastig zum Ende des offenbar sterbenslangweiligen Artikels und klickte auf den Autorennamen. Sofort tat sich ein neues Pop-up-Menü auf: »Info«, »Image« und »Abbruch«. Er klickte auf »Info«, und das Erwartete erschien auf dem Bildschirm. »Sarkophil CC, Unterbereichsleiter in der Abteilung Software Entwicklung der Firma T & TG in H...« Er las nicht zu Ende, ging zum Menü zurück und klickte auf »Image«. Sofort erschien ein Foto auf dem Bildschirm, das offenbar Sarkophil darstellen sollte, einen Herrn um die Vierzig mit Schnauzer und Brille, der genau so aussah wie fast all die Herren auf der CeBIT: keinerlei besondere Kennzeichen. Er ging zur Vita zurück und klickte auf »Eigenheim im Grünen«. Jetzt gab es ein Reihenhaus zu sehen, ebenfalls ohne besondere Kennzeichen. Er klickte auf »Verheiratet«: Das Foto einer Frau vor einem Reihenhaus im Grünen. Er klickte auf »Kind«: Ein dicker Knirps an der Hand einer Frau vor einem Reihenhaus im Grünen. Hobbys: Gartenarbeit, Reisen. Zur Illustration von »Reisen« sah man, wie Sarkophil einen Koffer im Kofferraum eines Mittelklassewagens verstaute.

Und nun? Sollte er sich weitere solche Herren im Bild vorführen lassen? Sollte er sich durch ihre öden Artikel wälzen, von denen der Speicher sicher übervoll war? Nein, jetzt risse er sich los, sicher wartete mit ihrem ausladenden Strohhut schon B. vor ihrer dritten Erdbeermargarita in der Habana-Bar. Aber bevor er den Computer ausschaltete, mußte er schnell noch einen weiteren Verdacht ausräumen. Er ging zum Ende von Sarkophils Artikel. Auch dort stand ein Literaturverzeichnis. Er klickte den ersten Artikel an, Seth-Typhon irgendwas. Sofort erschien dessen Abstract. Er ließ ihn sich im Volltext zeigen, ging zum Ende, fand ein Literaturverzeichnis, verscheuchte eine Fliege vom Bildschirm, Zebul B nein, Nider J nein, klickte Asmodeu S an, erhielt ein Abstract, dann Volltext, ging ins Literaturverzeichnis, klickte auf Hag-Zissa S / Schwarzer-Pascha A, erhielt ein Abstract, erhielt den Volltext, erhielt ein Foto des Koautors, der sich als weiblich herausstellte, Sybil Hag-Zissa, sah sich die recht pralle Frau an, die ein geblümtes Dirndlkleid mit Puffärmeln trug und gerade dabei schien, eine Maus zu töten, welche an der Wurzel eines Apfelbaums an einer Hecke im Garten eines Hauses einer Reihenhaussiedlung einer unbekannten Stadt genagt hatte, schaltete den Computer aus und stand mit einem für einen Philosophieprofessor viel zu unfeinen Fluch auf. Diese Maschine hatte es zwar in sich, aber was interessierten ihn letztlich Datenbanken, Ellermütter, Heckenfrauen, Mäuse, Apfelbäume. Er würde wieder einmal seine Zeit vertun, am Morgen übernächtigt Pulverkaffee in sich hineinschütten, »ich bin so frei«, haha, und der nächste Tag wäre verdorben, ehe er auch nur begonnen hätte.

Nein, Schluß jetzt. Aus das Ding. Ich gehe. Er ging in den Flur, hängte sich den alten Burberry über die Schultern, schlang sich zur Verzierung noch schwungvoll einen Kaschmirschal um den Hals, griff schon an die Klinke, als ihm klarwurde, daß er die Wohnung heute natürlich nicht mehr verlassen würde.

Wie er war, in Mantel und Schal, lief er in seine Studierstube zurück, rückte sich eilig den Hocker zurecht und schaltete den Computer ein. »Willkomm zu !HyperText!«

Er blätterte sich bis zu Hag-Zissa S durch und klickte sie an. Das Pop-up-Menü jetzt bot ihm unter anderem »Sound«, »Still«, »Motion«, »Time«. Er klickte auf die erste Option und hörte nun eine Frau schimpfen, offenbar die Hag-Zissa: »Verdammtes Tier! Verfluchte Sau! Unsere schönen Golden Delicious.« Er klickte auf »Motion«. Jetzt setzte sich Hag-Zissa in Bewegung. Sie hielt die Maus angeekelt am Schwanz hoch, ging um die Hecke herum zur Pergola, beseitigte die Maus, fegte die Pergola mit einem altertümlichen Reisigbesen, ging ins Haus und machte die Tür hinter sich zu. Es störte ihn, daß er ihr nicht folgen, daß er nicht klopfen und eintreten und ihr in die Besenkammer und ins Arbeitszimmer nachgehen konnte, wo sie möglicherweise an weiteren Retrievalproblemen in nichtlinear relationalen Datenbanken tüftelte; aber er hatte jetzt wirklich Spannenderes zu tun, als vor diesem albernen Reihenhaus zu warten, bis vielleicht Herr Zissa (oder Herr Hag?) nach Hause käme, und so wählte er die Option »Time« und sah sich weiteren Pop-up-Menüs konfrontiert, die ihm »Realtime«, »Zoom«, »Forward«, »Present«, »Back« anboten, ging zurück zu Frau Sybil und ließ sie rückwärts aus dem Haus herauskommen, mit dem Besen den Schmutz auf der Pergola verteilen und eine Maus an die Wurzel des Apfelbaums setzen. Er schaltete den Zeitzoom hinzu, Hag-Zissa rannte ins Haus, die Tür schlug jetzt auf und zu, in schneller Folge wurde es dunkel und hell, Leute gingen erst und kamen dann, das Haus wurde immer neuer, jetzt war nur noch eine Baugrube zu sehen und jetzt nur noch eine Kuh auf einer Weide, er schaltete in die Gegenwart zurück, das gab es doch nicht, ließ das Ganze schnell vorwärts laufen, wieder schlug die Tür, kamen und gingen Leute, kurz war zu sehen, wie die Hag-Zissa sich im Garten am Bärlapp zu schaffen machte und dann eine Ambulanz den grauhaarigen Hag oder Zissa abtransportierte, das Haus rapide alterte und zusammenfiel, und er stöhnte auf und kehrte ins Stammverzeichnis zurück.

Das war eine Höllenmaschine! Vor seinem nächsten Ausflug mußte er sich sammeln. Er goß sich in der Küche schnell einen

Kaffee auf, spülte mit ihm ein paar Hyperforatdragees hinunter, spie alles ins Klosettbecken, hielt die Stirn unter den kalten Wasserstrahl, sagte ein paarmal, aber ohne Erfolg, die vertraute Formel »Es atmet mich« her, entsann sich eines Apfels im Kühlschrank und dann des Apfelbaums am Monitor, und schon saß er wieder davor.

Bald hatte er herausgefunden, wie man sich in den Landschaften am Monitor bewegte, tippelte voran wie das kleine dumme kecke Männchen in einem Computerspiel mit Verliesen und Drachen, flog über seine Heimatstadt hin, wie er es vom Flugsimulator her gewohnt war. Zwischendurch holte er sich kurze oder lange Beschreibungen des Gesehenen auf den Bildschirm, ließ sich, einer Augenblickslaune folgend, eine ausgewählte Bibliographie zum Stichwort Obstanbau, Unterstichwort Apfelbau, Unterstichwort Golden Delicious ausdrucken, und während sein Drukker Seite um Seite vor sich hinhämmerte, sah er einem vewitterten, solariumgebräunten Obstbauern zu, der aus einer blauen Kanone ein Pestizid oder Herbizid versprühte und dann in einem grünen Audi davonfuhr, wohin? Er spürte Bockfuß in seiner Dienststelle auf, vertieft in den Urlaubsplan der Abteilung, und dann Fra Diavolo im Hörsaal vor einer großen Schar Studenten, die offenbar beeindruckt waren, jedenfalls emsig mitkritzelten. Bei einem Spaziergang entdeckte er durch Zufall, daß ganz in der Nähe jahrelang ein Toter Briefkasten gewesen war. Er wechselte zum Thema Industriespionage in den neunziger Jahren des zwanzigsten Jahrhunderts, Abteilung Chip-Fabrikation, aber irgendwie wuchs es sich zu einer Geschichte des Geheimnisverrats schlechthin aus, und daraus wiederum wurde eine Universalgeschichte der Niedertracht, die er sich momentan nicht zumuten mochte, so daß er zum Thema Universalgeschichte der Kommunikation überwechselte, in ihm die Neuere Geschichte des Postwesens ausfindig machte und in dieser schließlich eine Geschichte des Briefkastens, bis er vor dem Briefkasten drei Straßen weiter stand, sich ärgerte, daß der Briefmarkenautomat daneben immer noch »Gesperrt« war, eine Weile wartete und Luft schöpfte. Da er zu jenen gehörte, die allem widerstehen können, nur einer Versuchung nicht, suchte er sich auf vielen Umwegen den Pfad zu Barschel in der Badewanne, um in Erfahrung zu bringen, ob es vielleicht doch Mord gewesen war (soweit er daraus klug wurde, war es tatsächlich Selbstmord gewesen). Dann gab er einem noch puerileren Gelüst nach und holte sich auf verschlungensten Wegen die Sinnfrage auf den Bildschirm, erfuhr aber nur, daß die Antwort »Ein Mulscheister und ein Leichenzehrer malten einen Rattenschiß von ihrer lielgeviebten Lehene« heißen sollte. Er drang nicht in die Maschine, verließ sodann die Heimat und zog weiter hinaus, überzeugte sich, daß ein bestimmtes Café an der Gare du Nord in Paris noch existierte, auch wenn er leider feststellen mußte, daß bald eine Baukolonne anrücken und es in einen »Hypermarché« verwandeln würde, der indessen auch keinen langen Bestand hätte. Er sah die Galgenvögel auf dem Platz Djama el Fna. Er faßte den pyramidenförmigen Wolkenkratzer von San Francisco ins Auge, an dem er sich ein paar helle Tage lang orientiert hatte, machte ein paar Zeitsprünge, sah ihn erbeben, schwanken, fallen. Um sich Erholung zu gönnen, tastete er sich zum Turm von Pisa vor und zoomte ihn zeitlich rückwärts, bis er sich aufrichtete und kerzengerade stand. Und weil es lustig war, verwandelte er den scheußlichen Steglitzer Kreisel in das düstere Kino Albrechtstraße zurück, aber das machte schon kaum noch Spaß. Dort hatte er in der Kindheit einen Unterwasserfilm gesehen, er erinnerte sich an den Kampf mit einer Art Riesenmeerwanze, aber alles über Trilobiten wollte er wirklich noch nie wissen. Man mußte unbedingt systematischer vorgehen, aber er wußte nicht, wo beginnen und mit welchem Ziel.

Ein paarmal hängte sich der Computer auf, er konnte sich nicht erklären, warum. Das eine Mal hatte er gerade eine filmartige Geschichte der Mythologie Revue passieren lassen, sich an den Bocksprüngen einiger versoffener Satyrn ergötzt und beschlossen, deren weitere Evolution zu verfolgen, als das System plötzlich abstürzte. Ein anderes Mal hatte er in einer Enzyklopädie geblättert, war irgendwie auf den Leipziger Verleger Benediktus Gotthelf Teubner gestoßen und wollte, nachdem der zu Grabe gebettet war, zum nächsten Stichwort fortschreiten, als der Bildschirm die berüchtigten Bomben legte. Ein anderes Mal hatte er sich im Nahen Osten umgetan, war südlich von Jerusalem in die

Nähe des Hinnon-Tals geraten, eine Art Wadi, aus dem er von fern eine wilde Musik wie von Zimbeln und Flöten zu hören meinte, und gerade wollte er sich ihr nähern, als der Computer funkenstiebend den Geist aufgab. Er fand nie wieder an jene Stelle zurück.

Dafür erlebte er anderes. Er fuhr ein in Mikro- und Makrowelten. Ließ sich mit einem Leukozyten durch das knorrige Gefäßsystem eines Auerochsen schwemmen. Bemühte sich lange, aus einem Atom klug zu werden und den Widerspruch von Welle und Teilchen zu lösen, vergeblich allerdings, so daß er gar nicht mehr versuchte, sich einen Quantensprung anzusehen. Verließ dann die Erde, erklomm die Zinnen ferner Planeten, tauchte in die Ozeane künftiger Gestirne, lauschte dem Sphärenklang des Universums, der ihn vage an einen fast vergessenen Hit erinnerte, ließ sich dann wieder näher herbei und ging langsam über eine Wiese, auf der er als kleiner Junge gelegen und erstaunt über die bodenlose Tiefe der Welt mit dem Löwenzahn gespielt hatte, er hatte sie völlig vergessen gehabt, aber jetzt war es ihm, als dringe ihm sogar der alte Duft des trocknenden Heus in die Nase.

Er stürzte hinaus und mußte sich nun ernstlich übergeben, bis er wie ausgewrungen war. Er riß sich die Kleidung vom Leib, wischte sich mit einem Handtuch den klammen sämigen Schweiß aus dem Gesicht und wußte, daß er den Boden des Schreckens noch nicht erreicht hatte. Wenn die Maschine so viel enthielt, vielleicht alles, dann mußte sie auch ihn selber enthalten.

Wieder am Computer, fast nackt diesmal, hangelte er sich von den Datenbanken zur Informatik und von der zur Künstlichen Intelligenz und dann weiter zur Philosophie, zur Epistemologie und fand dort schließlich ein paar seiner eigenen Artikel. Seine Kurzvita war soweit korrekt. Er zögerte aber, ehe er sich auch sein Standfoto auf den Bildschirm holte. Vorher wollte er sicher sein, daß »Present« eingeschaltet war und jede Bewegung wie jeder Zoom ausgeschaltet, denn er hatte wenig Lust, sich in der Vergangenheit oder der Zukunft zu begegnen. Dann setzte er die Schnauze des Mauszeigers auf »Still« und drückte die linke Maustaste.

Am Bildschirm erschien ein fremdes Gesicht. Die Wangen waren hohl, die Augen eingesunken, ein ungepflegter Bart verdeckte das meiste. Der Computer hatte sich also doch endlich einmal geirrt und das Falsche aus seiner nichtlinear relationalen Datenbank geholt. Er blickte auf seine Hände, die vor dem Bildschirm über der Tastatur lagen. Sie waren dürr und welk, unbekannte Hände. Er griff sich ins Gesicht und fand die langen Bartstoppeln, die er auf dem Bildschirm auch frontal sehen konnte. Sein Gesicht blickte ihn fragend an. Er schaltete hastig den Zeitraffer rückwärts ein und spielte das Gesicht zurück, bis es wieder das ihm bekannte war. Er sah sein vergleichsweise junges Gesicht fragend an. Sein vergleichsweise junges Gesicht sah ihn fragend an. Es schien nachzudenken, beugte sich über die Tastatur und tippte !HYPER-TEXT!.

Aus: -KY [D.I. HORST BOSETZKY]

Ein Deal zuviel

[...] Marco ist allein zu Hause.

Du wirst einmal ein genauso tüchtiger Inschenör wie dein Vater.

Ja, ich will Weltraumflieger werden. Der Marco hat das Zeug zu: Neulich auf dem Rummel wollte er aus der Rakete da gar nicht mehr raus. Und aus dem Kettenkarussell. Und was das Technische betrifft, da kann er dir jetzt schon eine Klingel schalten. Und machen, daß eine Glühbirne brennt. Seine elektrische Eisenbahn kann er auch schon selber in Betrieb nehmen.

Marco liegt am Boden und läßt den längsten D-Zug seine Kreise ziehen. In den Bahnhof müßte Licht hinein. Der hat unten extra ein Loch, wo man eine kleine Glühbirne reinstecken kann.

Wo ist die große flache Batterie. In Muttis Taschenlampe. Mutti schimpft nicht, wenn er die nimmt. Blödes Blech! Er ratscht sich den rechten Zeigefinger etwas auf, bis er sie hat. Es blutet. Ein Pflaster ist aber im Schränkchen im Bad.

Zwei Messingzungen gucken raus aus Muttis Batterie. Aus einer kommt der Strom raus, in die andere will er wieder rein. Vorher will er aber noch durch das Lämpchen durch. Das freut sich dann so über den Strom, daß es vor lauter Freude ganz hell leuchtet. Es steckt in einer Fassung drin. Da kommen zwei Drähte raus, siehst du. Ein roter und ein grüner. Die wollen an der Zunge von der Batterie mal lecken. Nicht mit deiner Zunge ran, bitte! Du mußt die Drähte ein bißchen rumwickeln. So... Ja...

»Sie brennt!« ruft Marco. Geschafft! Er wird sie so lange dran lassen, bis Mutti kommt und staunt.

Aber erst einmal klingelt das Telefon. Mutti sicher. Daß sie noch eine halbe Stunde bei Silke ist. Kaffee trinken und klönen.

»Marco Kaufmann...«

»Guten Tag, Marco, hier ist Dr. Siemers von der Bewag. Kann ich bitte mal deinen Vati oder deine Mutti sprechen...?«

»Mutti ist bei Silke, Vati ist in der Firma.«

»Das ist schade ... Ja, dann müssen wir euch leider den Strom abstellen...«

»Kann ich dann nicht mehr Eisenbahn spielen...?«

»Nein, nichts könnt ihr mehr. Auch nicht mehr fernsehen...«

»Ich will aber Alf sehen heute!«

»Das geht dann leider nicht ... Es sei denn, du machst das selber ... Was willst du denn mal werden?«

»Inschenör...«

»Na, wunderbar, dann schaffst du das ja spielend. Du brauchst nur eine ganz große Schere zu nehmen...«

»Eine Schere...«

»Ja. Wir müssen sehen, ob bei euch in der Küche genügend Spannung in der Leitung ist. Habt ihr denn eine Spüle?«

»Ja...«

»Und was steht da drauf?«

»Eine Kaffeemaschine.«

»Und der Stecker steckt in der Dose...?«

»Ja...«

»Siehst du: Eure Kaffeemaschine, die ist kaputt – und darum ist unser ganzes Kraftwerk ausgefallen, alle Turbinen entzwei. Alle schimpfen fürchterlich. Keine S-Bahn fährt mehr, keine U-Bahn. Du mußt unbedingt die Schere nehmen und die Schnur durchschneiden, die zur Kaffeemaschine führt. Ganz kräftig durchschneiden! Und dabei mußt du dich festhalten an der Spüle...!«

[...]

Simon und Simone sind allein zu Hause.

Der Kleine planscht in der Badewanne. Kann der liebe Pittiplatsch schon schwimmen? Ja, Frau Elster. Und tauchen. Guck mal. Simone, Pittiplatsch kann hochspringen. Er zog die Gummifigur tief nach unten und ließ sie dann aus dem Wasser schnellen.

Simone ist dabei, auf ihrem Puppenherd Nudelsuppe zu kochen. Richtige Nudelsuppe, die man auch essen kann.

»Mach nicht zuviel Salz ran, Salz macht krank.«

Nein, macht sie nicht. » Simon, hör auf zu schreien! Die Nachbarn regen sich wieder auf.«

»Komm doch auch ins Wasser, der liebe Pittplatsch möchte mit dir spielen.«

»Ich kann nicht, ich hab doch meine Hautallerlie.«

»Was ist 'n das – 'ne Hautallerlie.«

»Das ist, wo ich nicht ins Wasser mit kann.«

»Du, das Wasser ist schon so kalt, mach düß ma warm!«

»Kann ich nicht.«

»Is das Rohr wieder aputt?«

»*Ka*putt!«

»Is es wieder *ka*putt?«

»Ja. Komm raus.«

»Ich will aber noch drinbleiben.«

»Dann kriegst du keine Nudelsuppe.«

»Dann sag ich's die Mutti.«

»Sag es doch!«

»Du bist doof.«

»Wer es sagt, der ist es auch!«

»Simone, Telefon!«

»Ich geh ja schon!«

Simone nimmt den Hörer ab und meldet sich mit Vor- und Nachnamen.

»Ja, schön, Simone, hier ist euer neuer Hauswart, der Herr Kunkel. Ich wollte nur mal fragen, ob bei euch etwas entzwei ist...?«

»Ja, Herr Kunkel, das Heißwasser, wenn man badet...«

»Ah, ja, die alte Anlage im Keller...«

»Mein Bruder badet gerade und friert schon...«

»Na, dann nimmst du den Tauchsieder...«

»Einen Tauchsieder haben wir nicht, den hat nur meine Oma in Köpenick...«

»Macht nichts! Nimmst du einfach euern Fön, euern Haartrockner, steckst die Schnur in die Dose und hältst den Fön dann ins Wasser...« [...]

ROBERT GERNHARDT

Eine Nacht im Schlaflabor

Elektroden aus Gold,
über sie fließt mein Hirnstrom.
Ein Mikro am Hals
überträgt mein Geräusper.
Vorm Bildschirm die Schwester
Überprüft, wann ich pinkle –
kein Prinzchen schlief je überwachter!

HUBERT WINKELS

Das ewige Licht

In vielen Wohnräumen glüht dauerhaft ein kleines rotes Licht. Man bemerkt es oft erst in Gesprächspausen, in Augenblicken der Unaufmerksamkeit. Es befindet sich auf der Funktionsleiste des Fernsehgeräts. Ein winziger Lichtpunkt, der, ohne selbst ins Bewußtsein zu treten, abschweifende Gedanken sammelt und momentweise löscht. Er zeigt an, daß es noch ein anderes Leben in diesem Raum gibt, eine andere Szene, die nur so eben verdeckt ist, vorläufig und oberflächlich. Es ist das Zeichen für die STAND BY-Schaltung des Geräts. Diese Schaltung zieht eine neue Differenz ein im Verhältnis des imaginären Fernsehraums zum realen Raum der Personen. Der Fernseher ist nicht mehr AN oder AUS, sondern das Programm im Zustand der Aktualität oder der Latenz. Unter der dünnen Oberfläche des matten Bildschirms sendet es weiter, unablässig und in alle Ewigkeit. Ein beruhigendes Gefühl geht von diesem schwachen Licht aus, ein Gefühl, daß alles da ist und alles weitergeht, die Welt und über die Welt hinaus alles Mögliche. Im Gebet öffnet sich die punktförmige Repräsentanz. Wir schauen.

TOBIAS MOERSEN

Augenblick

Strom
fließt
hin und her
Morts
und wieder
zurück
Strom
das ganze nennt
sich
Wechselstrom
manchmal aber
auch
Mortsleshcew.

LEA BEAUF-TRAGTA, THOMAS EICHER, ROSWITHA GERDS, CHRISTIAN HEBGEN, ALEXANDRA KAISER, CHRISTIAN KIRSCH, RALF KRENKEL, TOBIAS MOERSEN, SILKE RICHTER, SANDRA SPILKER, DIRK STEINKAMP

Die Büchersau
Internetgeschichte zum Welttag des Buches 1999

Montagmorgen, 9.30 Uhr. Dora Meister-Friedrichshausen betrat die Unibibliothek und grüßte freundlich in Richtung Ausgangskontrolleur. Die 24jährige Sonderpädagogik-Studentin begab sich wie jeden Tag in den 2. Stock; sie benutzte wie selbstverständlich die 56 Stufen, denn nicht umsonst ging sie dreimal wöchentlich ins Fitneß-Center Berni an der Hellwegstraße. An die vielen bewundernden Männerblicke hatte sich Dora schon längst gewöhnt; ihre Attraktivität war ihr weder peinlich noch bildete sie sich etwas darauf ein.

Nun nahm sie wahllos 20 Bücher aus den Regalen und ließ sich an einem der Arbeitstische nieder. Kaugummi kauend begann sie mit der ihr schon zur Routine gewordenen Tätigkeit: Buch aufschlagen, Seite 111 suchen, diese mit einem Cutter gekonnt heraustrennen und in die bereitliegende graue Mappe legen. So arbeitete sie sich täglich ca. sieben Stunden durch unzählige Bücher und erweiterte ihr Archiv mit Seiten der Nummer 111.

Damals, im Herbst 1994, als sie mit dem Seitenklau begonnen hatte, war sie gerade 12 Monate glücklich mit Christoph, dem erfolglosen Geschäftsführer einer Bochumer Buchhandlung, verheiratet. Der 1.11. war ihr Hochzeitstag, und Christoph hatte an diesem denkwürdigen Tag nach zahlreichen Gläsern Champagner mit ihr gewettet, daß sie, die unbescholtene Studentin mit Modellfigur, zu feige sei, auch nur 111 Seiten mit Seitenzahl 111 aus der Unibibliothek zu schmuggeln. Das ließ sie sich nicht dreimal sagen und hatte schon Ende November die vereinbarten Seiten zusammen. Nun freute sie sich auf ihren Wettgewinn: ein hochmodernes und sündhaft teures Bücherregal für ihre gemeinsame Wohnung im Dortmunder Norden. Doch weder Bücherregal noch die Anerkennung ihres Mannes sollte sie bekommen. Denn Christoph hatte sich – wie der Teufel es wollte – während einer Kegeltour mit dem Club »Alle Neune« in die 31jährige, eher unscheinbare, aber um so reifere Paula Zobel verliebt. Erst nach der Scheidung und als ihr Seitenklau schon längst zur Sucht geworden war, erfuhr Dora, daß eine gewisse Paula Zobel die neue Direktorin der Unibibliothek geworden war, in der sie Tag für Tag »arbeitete«. Dadurch zusätzlich motiviert, hatte sie in den letzten fünf Jahren Tausende von Seiten aus der Bibliothek geschmuggelt.

Montagnachmittag, 16.30 Uhr. Dora verließ das Bibliotheksgebäude und hörte im Vorbeigehen die Worte einer älteren Bibliotheksmitarbeiterin: »Die Büchersau hat schon wieder zugeschlagen...«. Auf dem Heimweg zu ihrer uninahen Studentenbude, die wegen der vielen Buchseiten aus allen Nähten platzte, wurde sie plötzlich unsicher. Ist man ihr auf der Spur? Hat Christoph in den vergangenen Jahren nie mit Paula über ihre skurrile Wette gesprochen? Ist sie in der letzten Woche von dem alten Soziologieprofessor Bernstein am Nebentisch beobachtet worden? Muß sie bald mit einer Hausdurchsuchung rechnen? Sollte sie besser den Studienort wechseln und an einem anderen Ort ihre Sucht befriedigen? Erschlagen von diesen Fragen kam sie an ihrer Haustür an, drehte den Schlüssel um und mußte mit Entsetzen feststellen, daß in ihrer Wohnung das Licht schon an war. Vor Angst zitternd, betrat sie ihre Wohnung und schloß die Tür hinter sich.

Knarrend fiel die Tür ins Schloß. Dora zuckte zusammen und hielt den Atem an. Ist es überhaupt eine gute Idee gewesen, jetzt noch in die Wohnung zu gehen? Welche Gefahr wird auf sie nun lauern? Starr verharrte sie im Flur, während sie angestrengt nach irgendwelchen, ihr unbekannten Geräuschen lauschte. Doch sie vernahm nichts. Was soll sie nun tun? Flucht? Aber wohin? Dora dachte nach. Langsam und unentschlossen ging sie nun den Flur entlang, öffnete vorsichtig jede Zimmertür und schaute hinein, doch – nichts. Zaghaft näherte sich Dora der letzten noch verschlossenen Tür, hinter der sie einen schwachen Lichtschein wahrnehmen konnte. Sie blieb stehen.

Schließlich riß sie die Wohnzimmertür mit einem gewaltigen Ruck auf und starrte ins Innere des Raumes. Dora stöhnte auf und sank erleichtert neben der offenen Tür zu Boden. Niemand war zu sehen, nur die kleine Halogenleuchte flackerte neben dem Couchtisch. Es war alles noch einmal gut gegangen, keine Hausdurchsuchung und keine Polizei. Erst jetzt entdeckte Dora den Zettel auf dem Tisch. Langsam stand sie auf und nahm den kleinen Zettel in die Hand.

Dora überlegte, sie überlegte, wer ihr diese Nachricht geschrieben haben könnte. Sie war sich sicher, daß es keiner ihrer Kommilitonen sein konnte. Eine solch feine und ausgeprägte Handschrift war unter Studenten etwas sehr Seltenes. Aber wer sonst hätte Zutritt zu ihrer Wohnung. Oder wurde die Nachricht nur für sie eingeworfen? Eines schien ihr sicher zu sein: Die Schrift war ihr bekannt. Sehr bekannt. Die Nachricht war nicht unterschrieben, und doch empfand sie Dora nicht als anonym. Es überkam sie ein unerklärliches Unbehagen. Ein so kleiner Zettel, der soviel auslösen kann? Ihr Unbehagen wuchs, als sie sich von der Suche nach dem Verfasser der Botschaft ihrem Inhalt zuwandte.

Dora las die Nachricht laut vor, so als müßte sie sich dadurch Sicherheit gebende Gesellschaft verschaffen: »Liebste Dora! Ich freue mich auf unser morgiges Treffen. Die Zeit, die ich mit dir verbringe, hilft mir, meinen stumpfsinnigen Alltag zu vergessen. Du bist die Brücke in eine andere Welt für mich. Du entführst mich täglich in den Kosmos deiner Welt. Ich spüre Freiheit in mir, wenn ich mich in deine Gefangenschaft begebe. Bis morgen. Deine 111.« Ende. Was war das nur für eine Nachricht? Nur Klaus wußte von ihrer obskuren Wette. Oder gab es noch Mitwisser? Hatte Dora in ihrem alten Soziologieprofessor einen heimlichen Verehrer? Doch alle diese Möglichkeiten erschienen ihr als sehr unrealistisch. Ein Gefühl sagte ihr, daß die Lösung viel näher lag. So nah, daß Dora sich fühlte, als läge eine erdrückende Last auf ihr.

Nach einer unruhigen Nacht mit wenig Schlaf stand Dora erst spät auf. Wenn sie wie gewohnt um 9.30 Uhr in der Bibliothek sein wollte, mußte sie sich beeilen. Doch ihre Gedanken wanderten ständig zu der mysteriösen Botschaft auf dem Zettel. Von wem mochten die Zeilen stammen?

Unterdessen begann im Besprechungsraum in der Uni-Bibliothek eine Krisensitzung. Paula Zobel hatte alle leitenden Mitarbeiter der Bibliothek einberufen. Einziges Thema der Sitzung war natürlich die Büchersau. »Wir müssen dieser Person das Handwerk legen«, rief die Direktorin mit ungewohnt schriller Stimme. Sie hatte eben ein unangenehmes Telefonat mit dem Kanzler geführt. Er hatte sich beklagt, daß in 3 der 5 von ihm entliehenen Bücher die Seite 111 fehlte. Auch privat lief es längst nicht mehr so gut bei Paula wie früher. Gestern erst hatte sie einen heftigen Streit mit Christoph gehabt. Worum war es diesmal eigentlich gegangen? Ach ja, sie hatte ihn wieder ertappt, wie er ein Buch falsch in das riesige Wohnzimmerregal eingestellt hatte. »Da gehört der nicht hin«, hatte sie ihn angefahren, als Christoph Band 3 der Brockhaus-Enzyklopädie hinter Band 5 einordnete. Warum mußten Männer nur immer so unordentlich sein? Sie hätte auf ihre Mutter hören sollen: »DER ist zu jung (!) für dich«, hatte sie Paula gewarnt.

Die Direktorin wurde von einem heftigen Ausbruch der Leiterin der Bestandspflege aus ihren Gedanken gerissen. »So geht es nicht weiter« erregte sich diese. »Wir haben jetzt über 1000 Leihscheine für Lückenergänzungen herausgeschickt. Und immer Seite 111. Die ganze Bibliothekswelt lacht über uns.« – »Vielleicht sollten wir künftig nur noch Bücher bis zu 100 Seiten anschaffen. Das würde auch unseren Etat entlasten«, versuchte der Erwerbungsleiter die gereizte Stimmung aufzuheitern. Doch keiner ging auf den Scherz ein. »Ich schlage vor«, meinte statt dessen der Chef der Benutzung und zog noch einmal kräftig an seiner Zigarre, »einige Mitarbeiter werfen in der nächsten Zeit ein Auge auf das 2. Obergeschoß. Wie es scheint, vergreift sich die Büchersau ja nur an Büchern aus diesem Stockwerk. Alle dreißig Minuten geht jemand von uns möglichst unauffällig durch die Regalreihen.«

Wie üblich wurde eine geraume Zeit über den Vorschlag diskutiert. Schließlich, da niemand eine bessere Idee hatte, wurde der Benutzungsleiter mit der Durchführung des Plans beauftragt.

Die Uhr im Besprechungsraum zeigte auf 11.01 Uhr, als Paula Zobel sich von ihrem Stuhl erhob und ihre Unterlagen zusammenraffte. Dabei fiel ein kleiner Zettel heraus, auf dem nur fünf knappe Worte standen: »Du kriegst sie nie. 111«.

Der Benutzungsleiter, viel schneller als Paula, hob den Zettel auf und reichte ihn ihr, nachdem er mit einem Blick den Inhalt erfaßt hatte. Paula bedankte sich, las den Zettel, wurde blaß, denn sie erkannte Christophs Schrift. Der Benutzungsleiter beobachtete das Mienenspiel und wartete auf eine Reaktion. Paula zerknitterte den Zettel und schob ihn achtlos in die Hosentasche.

Eine Stunde später, beim Mittagessen in der Mensa, fiel den Kollegen die Zerstreutheit der Direktorin auf, denn sie nahm sich für die Ochsenschwanzsuppe und den Fruchtquark ein Messer und eine Gabel aus dem Besteckkasten und mußte nochmal aufstehen um sich die Löffel zu holen.

Dora hatte sich inzwischen auch in der Mensa eingefunden. Sie war in Begleitung ihres ständigen Tischnachbarn aus dem Bibliothekslesesaal: Cäsar, ein Jurastudent der Uni Bochum, eigentlich ein sehr unscheinbarer Bursche, aber dennoch reizvoll für Dora, denn sie liebte die Spannung. Er hatte nämlich nie bemerkt, was sie wirklich tagein tagaus in die Bibliothek trieb.

Dora suchte täglich nach der Direktorin und nahm dann in unmittelbarer Nähe Platz. So auch heute. Sie grüßte nie, hatte aber immer ein zuckersüßes Lächeln auf den Lippen, wenn Paula sie bemerkte. Der Direktorin war das sichtlich unangenehm, aber das war Doras kleine Rache. Heute bemerkte die Direktorin sie gar nicht, als sie aufstand und das Tablett nahm. Sie schien tief in Gedanken versunken und erschrak heftig, als Dora rief: »Gib Christoph einen dicken Kuß von mir.«

Höchst befriedigt über ihre heutige außerordentliche Wirkung auf Paula begab sich Dora in Richtung Tablettabgabe. Dort bildete sich schon eine lange Schlange, weil das Fließband – wie üblich gegen 13.00 Uhr – stehengeblieben war und der nur zum Aufpassen auf das Fließband angestellte Student mit dem jetzt erforderlichen Stapeln der Tabletts hoffnungslos überfordert war.

Dora schaute sich um. Von der Kasse zu ihrer Rechten hallte der übliche Spruch zu ihr hinüber: »Morgen denkt ihr aber an

Eure Ausweise!« Auf der linken Seite der Tablettabgabe erblickte sie den Rektor, wie er mit hochrotem Kopf inmitten der ihn begleitenden Kollegen immer wieder »111! 111! Da muß doch etwas geschehen!« hervorstieß. Fast wurde es ihr angst und bange, als sie sich darüber klar wurde, welch weite Kreise ihre Aktion zog, und als sie endlich ihr Tablett abgegeben hatte, zögerte sie einen Augenblick, ob sie sich tatsächlich wieder in das 2. OG der Bibliothek begeben sollte.

Cäsar, der die ganze Zeit kein Wort herausgebracht hatte (und sowieso ein schweigsamer Bursche war, wahrscheinlich viel zu sehr darauf bedacht, mit seinen Worten keine ungeschriebenen Gesetze zu verletzen) blickte sie schüchtern an und sagte: »Ich muß meine S-Bahn nach Bochum kriegen, damit ich rechtzeitig zu meiner BGB-Vorlesung komme.« In seinem Blick konnte ein aufmerksamer Beobachter eine leise Hoffnung, eine Bitte, ja fast ein Flehen erkennen, das zu sagen schien: »...oder trinkst Du mit mir noch einen Kaffee? Für Dich würde ich sogar diese Vorlesung einmal ausfallen lassen!« Dora hörte ihm kaum zu. Viel zu stark kämpften in ihr Angst und Reiz miteinander. Sie spürte schon die aufregende Wachheit in ihren Fingern, fühlte die solide Festigkeit des von der Handwärme ebenfalls warmgewordenen Cutters, roch die Luft, die von feinstem Papierstaub durchsetzt war und sah den Staub im Lampenlicht tanzen. Dem konnte sie nicht widerstehen, sie ließ stud. jur. Cäsar enttäuscht stehen und eilte mit den Worten »Ich muß noch schnell in die Bibliothek« davon.

Das Gewicht der schweren Bücher, das sie um kaum merkliche gewichtslose Seiten erleichterte, der suchende Blick in die rechte untere Ecke einer Seite (wo die 111 meist zu finden war), die Strukturen unterschiedlichsten Papiers... die Erinnerungen an all das wurden fast so real, daß sie nach unbedingter Erfüllung verlangten. Mit schnellen Schritten eilte sie auf die Bibliothek zu und merkte nicht, wie sich ein grauer Schatten, der an der H-Bahn-Haltestelle gewartet hatte, an ihre Fersen heftete.

Selbst hier an der frischen Luft, während Sie eiligen Schrittes Richtung Bibiliothek unterwegs war, bildete sie sich ein, konnte Sie den trockenen Duft des Papierstaubes aus ihrem Unterbewußten hervorzuzaubern. Schneller und schneller wurde Ihr Schritt. Ge-

trieben vom Verlangen, das Papier zu riechen, die Seiten zu fühlen und dieses leise, gänsehautherbeiführende Geräusch des Cutters endlich wieder zu hören. In ihrer sie innerlich aufwühlenden
Vorfreude bemerkte sie selbst jetzt, nachdem sich ihr der Schatten
bereits bis auf wenige Meter genähert hatte, die Bedrohung in ihrem Rücken nicht. Schon konnte sie die Bibliothek sehen, als die
Vorfreude unvermittelt einem leichten Unbehagen wich. Was war
los? Eben noch ging es nur darum ihren Drang zu befriedigen
und wieder mal ein paar Bücherseiten mit nach Hause zu nehmen und nun dies. Sie fühlte sich – beobachtet. Langsam verrin-
gerte sie ihre Schrittgeschwindigkeit bis sie dann gänzlich stehen
blieb.

Es waren nur noch ca. 100 Meter bis zur Bibliothek. Sie befand
sich auf einem der großzügig angelegten Plätze, die hier an der
Uni zwischen den verschiedenen Vorlesungsgebäuden eingerich-
tet waren. Hier und da standen ein paar Sitzbänke. Was waren
das für Geräusche? Es hörte sich genauso an wie ihre eigenen
Schritte auf diesem Kiesboden. Gab es hier ein Echo? Wohl kaum.
Abrupt blieb sie stehen und drehte sich auf der Stelle um. Und da
stand sie vor ihr.

»Verzeihung, ist das Ihr Schal? Er lag in der Mensa neben Ihrem Stuhl« stammelte Paula Zobel und zeigte Dora ihren eigenen
alten Seidenschal. Schon in der Mensa hatte Paula ein merkwürdiges Gefühl überkommen, als sie Dora sah. Die ganze Zeit hatte
sie überlegt, wie sie an Dora herankommen könnte. Eine bessere
Geschichte, als ihr den ollen Schal unter die Nase zu halten, war
ihr auf die Schnelle nicht gekommen. Nun stand sie vor ihr, ihre
Hände zitterten leicht, und ihre Stimme klang höher als sonst.

Dora starrte auf Paulas Schal. »Nein, der gehört nicht mir. Vielen Dank«, entgegnete Dora. »Oh, dann verzeihen Sie die Störung«, krächzte Paula und ging wieder in Richtung Mensa zurück.

Sie war wütend auf sich. Was für eine blöde Idee. Sie hätte sich
an ihren alten Plan halten sollen. Diese spontanen Aktionen hatten ihr noch nie etwas eingebracht. Die Sache mit dem Zettel von
heute morgen fiel ihr wieder ein. Sie nahm sich vor, Christoph bei
der nächsten Gelegenheit zur Rede zu stellen.

Es mußte etwas passieren. Dora sah der Direktorin eine Weile hinterher. Was wollte die Zobel nur von ihr? War das ein Vorwand von ihr? Ahnte sie etwas? Dora wurde unruhig, ihre Schritte schneller. In der Bibliothek angekommen, zog sie ihre Jacke nicht aus und schloß ihre Tasche nicht ein. Ganz in Gedanken ging Dora zu ihrem Platz im zweiten Stock. Da sitzt auch schon wieder Professor Bernstein am Nebentisch und brütet über seinen Soziologiebüchern. Ein Wunder, daß er noch nie etwas bemerkt hat. Wahrscheinlich ist er schwerhörig und vernimmt deshalb nie das leise »Ratsch« des Cutters. Um so besser. Doch plötzlich blickte Bernstein auf und sah ihr voll ins Gesicht. Etwas wie Anerkennung strahlte aus seinen blauen Augen, die zu seinem faltigen alten Gesicht in einem merkwürdigen Kontrast standen. Unvermittelt wandte er sich wieder seinen Büchern zu. Dora setzte sich und begann zu arbeiten.

Cäsar verpaßte die S-Bahn Richtung Bochum, die ausgerechnet heute 2 Minuten zu früh kam. Jetzt kam er sowieso zu spät zur Vorlesung und beschloß deshalb, doch noch in die Bibliothek zu gehen, um in Doras Nähe sein zu können. Schon lange war er in sie verliebt, doch sie nahm ihn leider gar nicht richtig wahr. Sie hatte nicht mal bemerkt, daß er sich neuerdings einen Bart wachsen ließ.

Leicht frustriert begab er sich auf den Weg in die Bibliothek. Dora war schon eingetroffen, sie kniete unter dem Tisch und sammelte ein paar Zettel auf, die ihr durch einen Windstoß heruntergefallen waren. Cäsar bemühte sich, Dora beim Aufsammeln ihrer Sachen zu helfen. Fahrig versuchte Dora, ihn daran zu hindern. Aber längst hatte Cäsar alles sorgfältig auf ihrem Tisch gestapelt, und die zahlreichen losen Seiten ordnete er nun, korrekt, wie Jurastudenten nun einmal sind, zu einem tadellosen Stapel.

Doras Verwirrung war perfekt. Sie mußte nun rasch entscheiden: Was weiß Cäsar? Oder sollte der Depp noch immer nichts gemerkt haben? Depp oder nicht, auch wenn es ihr peinlich war, sich mit ihm in der Öffentlichkeit zu zeigen (der Bart ist wirklich scheußlich), blieb ihr nichts anderes übrig, als ihm bei einem gemeinsamen Abendessen ein wenig auf den Zahn zu fühlen. Dora

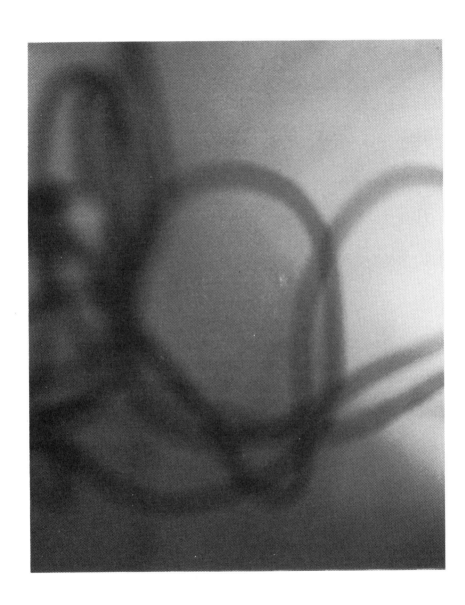

strahlte ihn mit ihrem schönsten Lächeln an: »Danke, Cäsar, ich bin heute wirklich ein bißchen neben mir.«

Cäsar war glücklich. Gut, daß die S-Bahn so früh kam! Schließlich stand eventuell sein Lebensglück auf dem Spiel. »Vielleicht solltest du mal weniger arbeiten«, sagte er. »Tja, wahrscheinlich hast du recht, aber so allein ausgehen, ist auch nicht der Brüller.« »Dann laß uns doch heute abend zusammen im Fellini essen gehen«, schlug Cäsar hoffnungsvoll vor. »Du, das ist eine prima Idee«.

Bis zum Essen hatte Dora noch genug Zeit und beschloß, für heute in der Bibliothek aufzuhören. Sie packte ihre Sachen zusammen und verließ schweren Herzens die Bibliothek. Heute hatte sie nicht viel geschafft. Was mußte Cäsar auch ausgerechnet jetzt auftauchen? Bis zum Abend sollte sie sich noch überlegen, wie sie Cäsar am besten aushorchen könnte, ohne daß er Verdacht schöpfen würde.

Während sie so in Gedanken versunken nach Hause ging, merkte sie nicht, daß sie schon wieder verfolgt wurde. Zu Hause angekommen, fand sie an der Tür einen Zettel, auf dem ihr Name stand. Mit einem flauem Gefühl nahm sie ihn ab und drehte ihn um. Mit großen Augen las sie: »Ich glaube, Du hast unsere heutige Verabredung vergessen. Überlege Dir, wie Du das Essen mit Cäsar wieder absagst! Deine 111«

Was sollte sie tun? Und woher wußte der Verfasser so viel über sie? War das Treffen eine Falle? Und wo und wann sollte es eigentlich stattfindend? So langsam wurde ihr die Sache doch ganz schön unheimlich. Sie überlegte fieberhaft, wer noch von ihrer Sucht wußte. Aber außer Christoph fiel ihr niemand ein. Sollte er etwa doch mit Paula über ihre Wette gesprochen haben? Aber warum veranlaßte diese nicht eine Hausdurchsuchung? Bei diesem Gedanken beschloß sie, von nun an vorsichtiger zu sein, und die Spuren vor allem in ihrer Wohnung sofort zu beseitigen.

Gegen Abend des folgenden Tages saß Paula im Büro vor ihrem Rechner und schrieb am letzten Jahresbericht. Ihre Finger rasten über die Tastatur, doch sie konnte sich nicht konzentrieren, dauernd formulierte sie den Text um. Sie hatte viel gearbeitet in den letzten fünf Jahren und hatte auch viel erreicht. Die gleitende

Arbeitszeit war eingeführt, die Öffnungszeiten der Bibliothek verlängert und einige Dienstleistungen optimiert worden, die Benutzer waren merklich zufriedener.

Der einzige Wermutstropfen durch die ganzen Jahre war diese Büchersau. Erst wurden nur wenige Seiten geklaut, zumindest fiel es niemandem auf, doch dann, als ihre Mitarbeiter in der Leihstelle ein Auge auf alle zurückgegebenen Titel hatten, und die Beschwerden von Lesern sich häuften, trat das ganze Ausmaß zutage. Der erste Schritt war anfangs, das Personal bei der Ausgangskontrolle zu verstärken. Doch viele Besucher beschwerten sich über die unangenehmen Leibesvisitationen. Es wurden zwar einige Bücher entdeckt, die zufällig nicht am Ausleihschalter verbucht waren, aber lose Seiten 111 waren nie unter den Fundstükken. Dann wurde ein Dienstplan erstellt, der jeden Mitarbeiter zu Kontrollgängen in der Bibliothek verdonnerte. Sicher, einige Benutzer verhielten sich schon verdächtig. Doch mehr als heimliche Brotesser und Colatrinker konnten die Mitarbeiter nicht enttarnen. Dann wurde die Polizei eingeschaltet: »Nein, da können wir auch nichts machen, sie brauchen schon handfeste Beweise. Eine Hausdurchsuchung? Ja, haben Sie denn schon eine bestimmte Person unter Verdacht? Sie sind hier schließlich nicht bei Derrick.«

Und nun, nach fünf Jahren, war die Büchersau immer noch auf freiem Fuß und verstümmelte die geliebten Bücher. Paula schaltete den Rechner aus. Heute würde sie keinen schlauen Satz mehr aus der Tastatur bringen. Sie setzte ihre Brille ab, legte die Hände vor ihr Gesicht und rieb sich die Augen. Was sollte sie als nächstes machen? Der Vorschlag des Chefs der Benutzung, wieder Patrouille zu gehen, kam ihr in den Sinn. Ab morgen würde sie wieder eine Bibliotheksstreife veranlassen. Zumindest war dann ihre Schuldigkeit getan. Für heute wollte sie an nichts mehr denken müssen.

Paula räumte ihre Sachen zusammen, goß noch einmal die Blumen und verließ das Büro. Es war schon spät. Sie schaute auf die Uhr, gleich würde geschlossen. Sie entschloß sich, noch einen kleinen Rundgang zu machen. Paula ging durch die Regale in

Richtung der Leseplätze, die rund um die Bibliothek an den Fensterfronten liegen.

Es saß kaum noch jemand an den Tischen. Eine Studentin schrieb beflissen Textpassagen aus einem Buch ab. Vier Tische weiter saß Professor Bernstein hinter einem Stapel von Nachschlagewerken zur Soziologie. 20 Meter davon entfernt, in der Ecke bei den Romanen, war ihr Lieblingsplatz. Nach einem anstrengenden Tag ging sie gerne hierher, wenn kaum noch Studenten da waren und sich niemand mehr über Hausarbeiten oder Seminare unterhielt. Dann ließ sie den Alltag hinter sich. Hier fand sie Ruhe zum Entspannen und zum Nachdenken. Hier wurden ihre besten Ideen geboren und die klügsten Entschlüsse gefaßt.

Paula setzte sich auf einen der Stühle, ihre Augen wanderten an den Bücherregalen entlang. Einige Hardcoverbände mit typischem Bibliothekseinband aus Leinen trotzten neben den billigen Taschenbüchern, deren Klebstoff am Buchrücken die zerlesenen Seiten fast nicht mehr halten konnten. Die jahrelange Nutzung hatte ihre Spuren hinterlassen. Und es warteten immer noch Bücher in den Regalen, die noch nie entliehen wurden, darauf, eines Tages von jemandem gelesen zu werden, der genau diesen Titel schon lange gesucht hat. Der in diesem einen Titel alles finden würde, was ihn vielleicht über Jahre nicht mehr losgelassen hatte. Und dieser Titel stand in ihrer Bibliothek. Diese Tatsache erfüllte Paula mit Ehrfurcht und Stolz. Sie blickte an den Regalen entlang und spürte ein »leises Gefühl des Wissens«, wie sie es manchmal nannte. All das Wissen der Menschen, die vor ihr gelebt hatten, all die Erkenntnisse, all die Wahrheiten, alle Gefühle, Gedanken, Wünsche, Phantasien und Träume der Menschheit umgaben sie wie eine große weiße Wolke und gaben ihr das sichere Gefühl, nicht allein zu sein, nicht allein auf der Suche nach der Wahrheit zu sein.

Die Sonne stand schon tief. Ein Lichtstrahl strömte durch das Fenster und versank im Teppich. In der Luft schwebten Millionen kleinster Staubpartikel, die sich langsam wie in Schwerelosigkeit gegenseitig umflogen. Alles schien... – Alles ist so einfach! Paula durchzuckte es. Wieso ist ihr diese Idee nicht schon viel früher gekommen! Sie sprang auf und ging zielstrebig auf Professor

Bernstein zu. Wie in Trance redete sie auf ihn ein, redete und redete. Sie selbst wußte kaum, was. Bernstein schaute sie sprachlos an. Was war bloß in diese Frau gefahren. Sie war doch sonst so korrekt und zurückhaltend. Er war zunehmend konsterniert. Das einzige, was er aus ihrem unzusammenhängenden Redeschwall herausfiltern konnte, war »111« und immer wieder »111«. Dunkel erinnerte sich der Professor, wie aus einer tieferen Bewußtseinsschicht tauchte ein Bild auf, das sich nur zögernd verdichtete. Er mußte diesen unseligen Ort und diese Wahnsinnige schleunigst verlassen, wollte er sich nicht einer großen Gefahr aussetzten.

Professor Bernstein sprang mit einer Behendigkeit, die man seinem fortgeschrittenen Alter kaum zugetraut hätte, auf, drängte Paula beiseite und verschwand schnell zwischen den Regalen in Richtung Ausgang. Paula blieb verdutzt stehen und blickte ihm nach. Was war bloß mit diesem alten Trottel los? Warum hörte er ihr gar nicht zu? Gleichzeitig erschrak sie unbändig, als sie ihren Blick auf den Arbeitsplatz des Professors senkte. Hier fand sich ein Block, dessen Format haargenau zu den vielen Botschaften paßte, die sie seit einiger Zeit ständig an die »111« gemahnten. Um besser sehen zu können, was auf dem obersten Blatt stand, griff sie an den Schalter der Leselampe über dem Tisch. Der war offensichtlich defekt, oder lag es an der Birne? Ordnungsliebend, wie nur eine Bibliothekarin sein konnte, ging Paula in ihr Büro, um nach einer Glühbirne zu suchen. Das Nächstliegende, sofort den Block an sich zu nehmen, kam ihr gar nicht in den Sinn.

Als sie mit der Birne zurückkam, bemerkte sie ihre mangelnde Konsequenz. Dennoch entschloß sie sich, zunächst die Birne zu wechseln und sich dann dem verräterischen Block zuzuwenden. Die Abdeckung der Leselampe ließ sich nur mit großem Kraftaufwand lösen. Als sie endlich den Blick ins Innere freigab, mußte sich Paula über ein unzusammenhängendes Kabelgewirr wundern, das da aus dem Lampenschirm quoll. Wie konnten ihre Elektriker nur so schlampig arbeiten! Paula fluchte. Schon wieder hatte sie den Impuls, zuerst den Hausmeister herbeizurufen, ließ aber dann das Kabelgewirr einfach hängen und ergriff den Block, bevor sie sich wiederum ihrem Büro zuwandte.

Bernstein, der nach einer Pause an der frischen Luft wieder an seinen Arbeitsplatz zurückgekehrt war, wunderte sich über die Unordnung. Unachtsam stopfte er den Kabelsalat in das Gehäuse zurück und verschloß das Ganze mit der Abdeckung. Plötzlich begann die Lampe zu qualmen und die gesamte Beleuchtung des Gebäudes fiel aus. Bis zu diesem Zeitpunkt hatte man kaum bemerkt, daß es längst zu dunkeln begonnen hatte. Jetzt aber brach die Finsternis um so heftiger herein. Der Stromausfall löste eine Art Panik bei den wenigen noch verbliebenen Bibliotheksbesuchern aus. Einige rannten schreiend den Notausgängen zu. Aus den steckengebliebenen Aufzügen hörte man verhaltene Rufe. Die wenigen noch anwesenden Angestellten fluchten laut an ihren abgestürzten Computern.

Als Paula aus ihrem Büro trat, erblickte sie im Halbdunkel die schattenhaften Gestalten des Professors und – der unverschämten Studentin Dora, offensichtlich im verschwörerischen Zwiegespräch. Stecken die beiden also unter einer Decke! Aber welche Rolle spielte Dora, wenn der Professor der Urheber der obskuren Nachrichten war? Mußte er dann nicht auch zugleich die Büchersau sein? Im nun entstehenden Chaos war den beiden jedenfalls kaum das Handwerk zu legen, aber warum sie nicht einfach zur Rede stellen?

Zielstrebig ging Paula auf das seltene Paar zu, das sich aber schnell zurückzog, als es ihrer ansichtig wurde. Paula steigerte ihr Tempo. Die beiden drohten ihr zu entkommen. Sie mußte handeln. Schon jagten sie die Treppen hinunter, der Professor an erster Stelle, dicht gefolgt von seiner Komplizin. Eine Falte im Kunststoff-Treppenbelag machte ihrer Flucht ein Ende. Bernstein stolperte und schlug mit einem dumpfen Krachen auf den Treppenabsatz auf. Dora konnte gerade noch verhindern, daß sie im Dunkeln über ihren Begleiter fiel. Sie wich aus und konnte in Richtung Ausgang entkommen.

Der Professor blutete aus der Nase und war ganz offensichtlich bewußtlos. Paula wollte Erste Hilfe leisten, sah aber sofort, daß sie hier nichts tun konnte. Schließlich war der Mann nicht mehr der Jüngste. Sie ging zum nächsten Telefon und alarmierte die

Feuerwehr. Zum Glück war die Telefonleitung nicht vom Stromausfall betroffen.

Schon auf der Trage, auf die ihn die Sanitäter gelegt hatten, um ihn abzutransportieren, murmelte der Professor zunächst ganz unverständliche Worte, die sich indessen immer weiter verdichteten: »Fangt die 111, da läuft sie.« Der Notarzt blickte verständnislos in die Runde; dann beschloß man, die Fahrt ins Marienhospital anzutreten.

Der Professor hatte kaum Chancen, die sofort eingeleitete Notoperation zu überstehen. Sein Tod wurde in den Annalen der Universität registriert, im Vorlesungsverzeichnis des kommenden Semesters wurde seiner gedacht, und die Universitätszeitung brachte einen rührenden Nachruf aus der Feder des Rektors, der die Aufopferungsbereitschaft dieses honorigen Staatsdieners hervorhob.

Dora Meister-Friedrichshausen tauchte nie wieder in der Universitätsbibliothek auf. Eine Hausdurchsuchung konnte nichts Verdächtiges zu Tage fördern. Die Ermittlungen gegen unbekannt wurden eingestellt. Cäsar war der eigentliche Verlierer des unvorhergesehenen Todesfalles: Nach dem Verschwinden Doras wandte er sich wieder voll seinen juristischen Studien zu.

– Voll? In den Schatten seiner Seele arbeitete etwas, das ans Licht wollte. Ein seltsames Gefühl sagte ihm das immerzu. Ein ungewohntes Gefühl, weil es sich durch unerbittliche Präzision auszeichnete. Cäsar war irritiert. Aber es dauerte noch eine Zeitlang, bis ihm endlich die Einsicht kam. Das Rechtssystem, in dem er sich irgendwie sicher wähnte vor der brutalen Wucht des Lebens, konnte keine Rettung bedeuten. Für ihn nicht. Niemals. Denn er wollte glücklich sein. Und dieses Glück war nur im richtigen Leben möglich. Da war sein Ort. Das ist so sicher wie die ewige überteuerte Stromrechnung, sagte er sich zur Bekräftigung.

Cäsar zündete sich mit der Umständlichkeit des Neulings eine frische Marlborough an. Dann setzte er sich wieder an den Schreibtisch seines Zimmers. Draußen war es kalt. Gelbe Blätter wirbelten im ewigen Regenwind. Cäsar lehnte sich auf dem Stuhl zurück und schaute nachdenklich in die weiße Qualmwolke, die er über seine rechte Schulter langsam zum offenen Fenster hinaus blies. Er versuchte ernsthaft, sein neues Bewußtsein durch Konzentration zu festigen. Ein neues Bewußtsein. Wer hatte das schon, wer schaffte das, dachte er. Das war mehr als genug, um alle Lücken in allen Büchern der Welt zu füllen. Als Cäsar sein studentisch-kriminologisches Wissen in dieser neuen Dimension überdachte, war ihm, als ginge nach langem Stromausfall das Licht an. Es war ein fremdes Licht, nicht das so oft erträumte innere Leuchten des Glücks. Aber es war Licht, das wirkliche harte Licht, das nur die wenigen Männer sehen, die auch nach Niederlagen nicht aufgeben. Cäsar stand auf von seinem Schreibtisch. Er ging zum Schrank hinüber, öffnete die linke Tür. Der Bourbon gluckerte ins schwere Glas. Cäsar beobachtete den bronzenen Alkoholstrom. Dann stellte er die Flasche zurück und verschloß den Schrank. Er ging zum Fenster und fühlte, wie der Whisky seinen Körper angenehm heiß durchfloß. Sein Hirn aber war eisig. Er dachte nach. Im Fensterglas fiel ihm die Spiegelung seines Gesichts auf. Er sah in das harte Gesicht eines jungen Mannes, der im Leben angekommen war. Cäsar warf seinen Kopf zurück und leerte seinen Drink. Er knallte das Glas auf den Schreibtisch. Er wußte nun, was zu tun war.

Schnee fiel, der alles weiß und neu machte. Wie leere Buchseiten manchmal. Cäsar recherchierte, befragte, beobachtete mehrere Wochen. Ein paar Einbrüche waren auch nötig. Er stieß auf Doras Bekannten Klaus, der nach peinlicher Befragung auszupacken begann und Cäsar von Doras schneidender Leidenschaft in Kenntnis setzte. Cäsar mußte am Ende doch einen Blauen für die genaue Info rüberschieben, aber die kleine Bestechung war nicht zu viel gewesen für diese bizarre Story. Indes – Klaus hatte nicht das ganze Lied gesungen... Cäsar war wie elektrisiert, als er später rauskriegte, daß Klaus nicht nur ein Enkel von Mutter Zobel und Neffe Paula Zobels war, sondern auch studentische Hilfskraft beim verendeten Prof. Bernstein, der früher einmal (irgendwann in der Steinzeit) mit Mutter Zobel liiert gewesen war, diese aber wegen einer Jüngeren sitzen gelassen hatte.

Der frostkalte Wind fegte durch die häßliche Dortmunder Fußgängerzone. Cäsar haßte diesen Ort der blödsinnigen Bummelei. Dennoch freute er sich. Es hatte sich gelohnt, Bernsteins alte Sekretärin aufzusuchen. Cäsar wollte nun zu Fuß nach Hause gehen. Ein wenig Bewegung konnte nicht schaden, sagte er sich. Er klappte den Kragen seines zu dünnen Trenchcoats hoch, aktivierte alle seine Ermittlungsergebnisse im Hirn und legte los. Er kombinierte gleichsam mit der Energie eines Kernkraftwerks: Mutter Zobel mußte ursprünglich gegen die Verbindung ihrer Tochter mit dem viel jüngeren Christoph gewesen sein. Dann hatte sie aber in ihrer Spießbürgerlichkeit dieses Faktum verewigen wollen, um die sich anbahnende Schmach einer verlassenen Tochter zu vermeiden. Mutter Zobel mußte irgendwann durch Klaus erfahren haben, daß Paulas Angespanntheit, die ihre eh schon vertrocknete Ehe mit dem mißmutigen und jungen Christoph nun vollends zu verwüsten drohte, durch bösen Ärger am Arbeitsplatz entstanden war. Daß Klaus von der Büchersau berichtet haben mußte, aber Dora als Täterin verschwiegen hatte, obwohl er sie bei Mutter Zobel persönlich erwähnte als Studentin seines Profs Bernstein, bewies Cäsar, daß auch Klaus Dora liebte. Deshalb mußte die gute alte Zobelmutter wohl mehr als nur ein paar blaue Scheinchen eingesetzt haben, um ihren Enkel Klaus instruieren zu können, seinem Prof. Bernstein die überaus perfide Lüge einzuimpfen, daß Studentin Dora scharf auf ihn wäre. Mutter Zobel wußte natürlich nur zu genau, daß der alte Sack darauf ansprechen würde. Sie hatte also die Chance genutzt für eine späte Frauenrache an Bernstein. Das war sicher mehr, als für sie noch zu hoffen gewesen war. Aber stimmte das alles? Cäsar dachte noch einmal nach. Der Wind hatte zugenommen und schleuderte ihm Hagelkörner ins Gesicht. Cäsar war nun wirklich durchgefroren und ging schneller. Alles noch einmal, Schritt für Schritt. Die Fakten prasselten durch sein unerbittliches Hirn. Wo war das erste Ziel der Zobelmutter geblieben? Ha! Nun war sich Cäsar sicher. Alles klärte sich auf. Die alte Zobel mußte also doch von dem ekligen Verräter Klaus erfahren haben, daß Dora mit an Sicherheit grenzender Wahrscheinlichkeit die Büchersau war. Klaus hatte folglich auch Andeutungen in dieser Richtung bei Bernstein losgelassen, loslassen müssen. Mutter Zobel wußte, daß die Greisengeilheit Bernsteins nicht davor zurückschrecken würde, alle Informationen, die er über Dora hatte, für die Durchsetzung seiner feuchten Absichten zu verwenden. Mutter Zobel mußte riskant und klug darauf spekuliert haben, daß der lüsterne Bernstein die Büchersau in die Öffentlichkeit treiben und damit erlegen würde, freilich ohne das stramme Mädel ins 68er-Lotterbett bekommen zu können. Der Zufall mit dem Stromausfall beschleunigte die eingefädelte Sache bloß. Die Büchersau war gewissermaßen zur Strecke gebracht worden; damit war es für Paula Zobel wieder möglich geworden, etwas Ruhe zu finden und Ausgeglichenheit, was für ihre Ehe vielleicht ersprießlich werden konnte. Mutter Zobel war es sicher recht, daß Dora nicht geoutet wurde. Denn das hätte möglicherweise Mitleid bei ihrem Ex hervorgezaubert. Es war aus dieser Sicht gut, daß Dora fort war. Doppeltes Pech für Bernstein. So ist das Leben. Pech aber auch für Klaus. Ihm hatte Mutter Zobel in ihrem Plan wahrscheinlich die Rolle zugedacht gehabt, als zufälliger Helfer bereitzustehen, wenn Dora von Bernstein und der drohenden Öffentlichkeit entnervt wäre. Dora hatte seine Beute werden sollen. Cäsar blickte zum Himmel. Allmählich hörte der Hagelschauer auf. Nur der kalte Wind blieb. Cäsar zündete sich in einem Hauseingang eine Zigarette an und ging weiter. Er wiederholte noch einmal seine Analysen zur Funktion von Klaus. Natürlich wußte Cäsar, daß dieser letzte Gedankengang schwächer war als die andern. Aber vermutlich stimmte er. Klaus war dumm, und nur für ihn hatte er plausibel sein müssen. Klaus hatte sich einfach zu viel davon versprochen, daß Dora ihm damals von der verrückten Wette erzählt hatte. Cäsar verzerrte sein Gesicht zu einem bösen Grinsen, als fröre er unsäglich im Dortmunder Winterwind. Er erkannte nun in Klaus einen besonders lächerlichen Verlierer, einen Hanswurst des Glücks, der mit rotgeweinten Augen irgendwo außerhalb des heiteren Blickfelds verenden würde. Cäsar fühlte kein Mitleid, natürlich auch kein sonstiges Leid. Er inhalierte tief und wußte, daß der irreparable Kabelbrand in seinem Gefühlssystem der Preis für die Männlichkeit war, die ihm all seine Einsichten ermöglicht hatte. Cäsar wußte genug. Er trat die Zigarette aus und rannte den letzten Kilometer nach Hause, um sich dann in seiner Studentenbude einen doppelten Bourbon zu genehmigen.

Lebte Dora noch?

Freitag, früher Nachmittag, 15.10 Uhr. Cäsar dachte an Dora, daran, daß er glücklich sein wollte, aber es schon fast vergessen hatte. Der Student blickte in den strömenden Regen. Vielleicht würde er einmal ein Buch darüber schreiben, daß man vor allem weiterleben müsse. Bücher sollen nicht glücklich machen. Sie sollen auf die Welt hinter dem Bücherstaub verweisen. Alles andere ist Gerede. Er goß nach. Das Leben hatte an Fahrt zugenommen.

Warum aber die gute Paula Zobel an jenem Dienstag Christophs Handschrift auf dem unerwarteten Zettel erkannt hatte, weiß nur sie selber und vielleicht der Geist der Erzählung, doch der ist auch schon fort, mit der glücksuchenden Dora auf fröhlicher Fahrt durch die unendliche Raumzeit der Narration, in der zum Glück auch so ein unsäglich doofer Titel wie »Die Büchersau« die kosmologische Relevanz von 111 Staubkörnern erhält. Quod erat demonstrandum. Ja. Ja. Ja.

CHRISTOPH ASENDORF

Nerven und Elektrizität

1. Die Einspeisung von Elektrizität in den bürgerlichen Alltag nach 1880 bewirkt eine Irritation, die aus dem Konflikt zwischen der profanen technischen Nutzanwendung, z.B. als Glühbirne, und der Phantasiegeschichte dieser unsichtbar strömenden Kraft entstanden sein mag. Es waren nur wenig mehr als 50 Jahre seit Goethes »Versuch einer Witterungslehre« (1825) vergangen, in der es, gleichsam zum Abschluß der naturphilosophisch-romantischen Theorie der Elektrizität geheißen hatte: »Die Elektrizität ist das durchgehende Element, das alles materielle Dasein, auch das atmosphärische, begleitet. Sie ist unbefangen als Weltseele zu denken«.[1] Dieses »durchgehende Element« ist unabhängig von der Schwerkraft und den Grenzen der Dinge, die es wie im Traum durchschreitet. Es bewegt sich geräuschlos fort und hat nichts von der plumpen Schwerfälligkeit mechanischer Geräte. Das erklärt vielleicht die Faszination der Romantiker, die subjektiv-poetische und physikalisch-elektrische Vorgänge ineinander übergehen lassen, wie Novalis: »Sollte der Galvanism etwas anderes sein als inneres Licht? Spur der Empfindung im anorganischen Reiche«.[2]

Etwas das strömt (Wasser, Menschenmengen etc.), scheint selbstbewegt, ohne Anfang und Ende. Im romantischen Subjekt strömen Empfindungen und Erkenntnisse zusammen, werden entweder fixiert oder treten wieder aus. Der Gedanke, der ausgetauscht wird, ist greifbar – und abgenutzt – wie das Geld. Das romantische Modell des Gedankenstroms, in dem die Vorstellung des Sich-Verströmens mitschwingt, sucht derartiger Quantifizierung entgegenzuwirken: alles fließt, der (poetische) Strom kann nicht partikularisiert werden – eine Idee unendlicher Kommunikation. Strömung ist das Gegenbild zu Verdinglichung.

Ströme lösen Erstarrungen. Das ist der Ansatzpunkt der »romantischen Medizin«, die in der Person Franz Anton Mesmers eine theoretische, wenn auch okkultistisch gefärbte Grundlegung erfuhr. Mesmers Gedanke war, daß es eine Kraft gebe, »die, getragen von einem Äther, einer ganz feinen Flut, das All durchdringe und in allen seinen Teilen zusammenhalte«.[3] Das Problem war nur, diese Kraft therapeutisch in den Griff zu bekommen. Dem Ansatz liegt die klassische Äther-Theorie zugrunde, die besagt, daß der Licht-Äther, ein in sich ruhender und die gesamte Welt erfüllender Stoff, der Träger aller elektro-magnetischen Wellen ist. Diese Hypothese wurde erst in der zweiten Hälfte des 19. Jahrhunderts durch Michelson widerlegt. Die romantische Äther-Vorstellung, die das Bild der medizinisch nutzbaren elektro-magnetischen Kräfte bestimmte, ging von einer Energie aus, die als Strom oder Strahlung den Menschen beeinflusse. Sie wurde insbesondere angewendet als Beruhigungsmittel, das überstarke Erregungen (Hysterien) dämpfte. Die ruhige, »ätherische« Musik von Äolsharfe und Glasharmonika wurde zur Unterstützung der magnetischen Therapien eingesetzt[4], da man ihr die Fähigkeit zuschrieb, überstarke Strömungen gleichsam zu kanalisieren, die Erregungsschwingungen auszupendeln.

Störungen des Nervenlebens wurden schon früh mit unkontrollierten, überschnellen Schwingungen in Verbindung gebracht, so von Goethe, der 1778 in einem Brief schreibt: »Ich weiß, daß den Menschen von zitternder Nerve eine Mücke irren kann und daß dagegen kein Reden hilft«.[5] »Nerve« ist ein Wort, das sich wie »Nerven« und »Nervosität« vom französischen nerveux ableitet, das im 18. Jahrhundert nur »empfindsam« bedeutet, aber langsam, und dafür ist Goethes Brief ein Beleg, einen Bedeutungswandel durchmacht: von »empfindsam« zu »zittrig«; d.h. von einer Wahrnehmungsweise zur Krankheit. Das überschnelle Surren von Insektenflügeln ist das von Goethe präzise gewählte Beispiel eines Auslösers nervöser Reizungen; es kehrt als Flimmern in der nervösen Ästhetik des fin de siècle wieder. Die romantische Medizin setzt gegen Erregungen, Hysterien, Tobsuchtsanfälle etc. magnetische Kuren ein, bei denen Handauflegen und Hypnose zur Beruhigung der Erregungsströme führen sollten.

Die Romantik also konstruierte bereits eine Verbindung von Nervenleben und (vortechnischer) Elektrizität. Nervöse Zuckungen wurden mit der Entstehung des Lebens selbst in Verbindung gebracht – hier führt ein Weg von Galvanis Experimenten mit Froschschenkeln bis, in Mary Shelleys Roman von 1818, zur Belebung von Frankensteins künstlichem Menschen, der sich durch »krampfhaftes Zucken« der Glieder kundtut.[6] Der Mesmerismus bietet, und noch Edgar Allen Poe war davon überzeugt (vgl. »Mesmerische Offenbarung«), die Theorie einer außersinnlichen, elektromagnetischen Kraft, die die Lebensvorgänge beeinflußt und steuert. Marx entmystifiziert diese ätherischen Kräfte, diese nachrevolutionäre bürgerliche Idee eines universellen Zusammenhangs aller Dinge, indem er die wahre »galvanochemische Kraft«, die die Gesellschaft zusammenhält, benennt: es ist das Geld[7] als der decouvrierte elektrochemische Weltäther.

2. Ein Teil der Faszination an der Elektrizität mag aus der naheliegenden Analogie zur erotischen Anziehung bzw. Abstoßung entstanden sein, die man so schön als Geschlechterspannung bezeichnet. Neben dem Weltäther ist es diese Idee der Polarität, die das Bild der Elektrizität schon im 18. Jahrhundert bestimmt.[8] Die etwas makabren Experimente, die der deutsche Physiker Georg Bose mit der »electrica attractio« (so ein Titel Otto von Guerickes 1672) macht, sind durchaus typisch für die Salonspielereien des Rokoko, das noch weit entfernt von der technischen Nutzanwendung der Elektrizität war. Bose lud möglichst hübsche Frauen, deren Schuhe isoliert waren, elektrisch auf – die Kavaliere, zum Kuß aufgefordert, bekamen einen starken elektrischen Schlag.[9]

Von Benjamin Franklin (von dem d'Alembert sagte: »eripuit coelo fulmen sceptrumque tyrannis«[10]) und dessen elektrischen Experimenten inspiriert, unternahm es der englische Quacksalber Dr. James Graham um 1780, ein »Himmlisches Bett« zu konstruieren, mit dessen Hilfe »Kinder von höchster Schönheit« (Eigenwerbung) empfangen werden konnten. Ein »elektrisches Feuer« und 1500 Pfund schwere Magnete sollten eine für die Fortpflanzung optimale Strömung erzeugen. Graham bankrottierte nach vorübergehenden Publikumserfolgen.[11]

E.T.A. Hoffmanns »Magnetiseur« ist von der Idee besessen, durch Beherrschung der magnetischen Kräfte erotische Macht auszuüben. Er sucht »alle Strahlen, die aus Mariens Innern mir zuströmten, wie in einem Brennspiegel aufzufangen. ... Marien ganz in mein Selbst zu ziehen, ihre ganze Existenz so in dem meinigen zu verweben, daß die Trennung davon sie vernichten muß, das war der Gedanke...«[12] Eine interessante Nebenbemerkung legt in diesem Text den Zusammenhang der magnetischen Strahlen mit den Nerven bloß. Der Magnetiseur fühlt sich bei seinem Experiment beobachtet: »Vielleicht war es mein Blick, der mich verriet, denn so zwängt der Körper den Geist ja ein, daß die leiseste seiner Bewegungen in den Nerven oszillierend nach außen wirkt und die Gesichtszüge – wenigstens den Blick des Auges verändert«[13] Die Nerven sind der körperliche Transformator der geistig-immateriellen magnetischen Strahlen.

Noch der alte Goethe formuliert in den Gesprächen mit Eckermann diese Idee einer erotischen »electrica attractio«, in die die neuplatonische Lehre universeller Sympathien hereinspielt: »Wir haben alle etwas von elektrischen und magnetischen Kräften in uns und üben, wie der Magnet selber, eine anziehende und abstoßende Gewalt aus, je nachdem wir mit etwas Gleichem oder Ungleichem in Berührung kommen ... Unter Liebenden ist diese magnetische Kraft besonders stark und wirkt sogar sehr in die Ferne«.[14] Die Elektrizität oder der Magnetismus erscheinen hier als Identitätsprinzip, das im gegebenen Fall das Getrennte vereinigt.

3. Goethe ging von der elektromagnetischen Anziehung bzw. Abstoßung aus, einer Kraft also, bei der die Subjekte eine gleichsam fixierte, persönlichkeitsgebundene Aufladung besitzen, die Korrespondenzen zwischen entsprechend disponierten Körpern herstellt. Körper und Aufladung bilden eine Einheit und die Anziehung bzw. Abstoßung geschieht zwischen sich gleich bleibenden Ladungen. Die elektromagnetische Kraft ist nicht abstrakt, sondern geht aus von bestimmten Personen, sie ist also letztlich substantialistisch gedacht.

Hegel rückt dagegen schon 1807 in der »Phänomenologie des Geistes« einen anderen Aspekt in den Blickpunkt, der die romantisch-panpsychistischen Konzeptionen überwindet und zu einer spezifisch modernen Sicht der Elektrizität hinführt. Er durchtrennt die Verbindung zwischen Körper und Ladung und beschreibt die Elektrizität wie in Analogie zu den Abstraktionen des modernen Waren- und Geldverkehrs, der die Dinge von ihren Qualitäten entblößt: Kennzeichen der positiven oder negativen Elektrizität ist, daß »deren jede nicht einer besonderen Art von Dingen mehr angehört«. Bei veränderter Ladung haben die »abgesonderten Dinge ... keine Wirklichkeit; die Gewalt, welche sie auseinanderreißt, kann sie nicht hindern, sogleich in einen Prozeß wieder einzutreten; denn sie sind nur diese Beziehung«. Die Dinge sind also, was Musil später auch im sozialen Bereich aufzeigen wird, ohne Eigenschaften; ihre Beziehung hängt ausschließlich von den von ihnen völlig unabhängigen Ladungszuständen ab, in die sie geraten, oder wie Hegel sagt: »Sie können nicht wie ein Zahn oder eine Klaue für sich bleiben und so aufgezeigt werden. ... Das Resultat der Versuche hebt ... die Momente oder Begeistungen als Eigenschaften der bestimmten Dinge auf und befreit die Prädikate von ihren Subjekten«.[15] Der Versuch Goethes, die positive oder negative Ladung mit der Weltseele oder menschlicher Sym- oder Antipathie zusammenzuschließen, wird von Hegel gar nicht erst unternommen, die »Begeistungen« sind ausschließlich als eigenschaftsloses Relationsprinzip gedacht.

Kleist macht in dem Text »Über die allmähliche Verfertigung der Gedanken beim Reden« eine elektrische »Begeistung«, wie Hegel sie beschrieben hatte, eine plötzliche Ladung und Entladung also, gar zur möglichen Ursache der Französischen Revolution: Mirabeaus Antwort an den königlichen Zeremonienmeister, der die Aufhebung der Ständeversammlung forderte, war ja bekanntlich: »Wir haben des Königs Befehl vernommen« und, nach einer Pause, »Was berechtigt sie, uns hier Befehle anzudeuten? Wir sind die Repräsentanten der Nation«. In der Pause liegt für Kleist der entscheidende Moment, der Augenblick, in dem ein plötzlicher »Quell der Begeisterung« gleich der elektrischen »Entladung einer Kleistischen Flasche«[16] (die gleichzeitig mit der Leydener Flasche und unter Benutzung des gleichen Effektes 1745 von einem Vorfahren des Dichters erfunden worden war) die Meinung des Redners verändert habe. Die elektrische Entladung tritt auf als List der Geschichte; die abrupte Begeist(er)ung läßt die Dinge in einem anderen Zustand zurück.

Diese plötzlichen Spannungszustände haben, da sie scheinbar unabhängig sind von der Identität der Personen, an denen sie auftreten, auch eine potentiell bedrohliche Qualität – das gewohnte Ich wird von übermächtigen Energien vorübergehend außer Funktion gesetzt. Wo Kleist vom »Donnerkeil« der atmosphärischen als rhetorischer Entladung spricht, spricht Balzac von einem »im Innern des Menschen niedergehende(n) Blitzschlag, der, wie alle elektrischen Vorgänge, eigenwillig und unberechenbar ist«. Die Begeistung, die er beschreibt, ist ein Angsttraum, die negative Form der Entladung. Dieser Angsttraum tritt ebenso plötzlich auf wie die Begeistung, das Kontiuum der Zeit ist gesprengt – elektrische Epiphanie. Die für die Ästhetik der Moderne so wichtigen Augenblicksekstasen[17] finden ihren ersten Ausdruck im Bild der Elektrizität. Elektrizität wirkt, wie Balzac sagt, »auf die Nerven und das Gehirn des Menschen«.[18] Dieses Energiemodell bildet, nachdem es der romantisch-panpsychistischen Vorstellungen entkleidet ist, die Folie, auf der sich der Zerfall des konsistenten Ich in dem Augenblick abzeichnet, in dem die Elektrizität eine praktische Nutzanwendung zu finden beginnt. Nicht mehr fern ist der Zeitpunkt, an dem ein Kind mit der Drohung erschreckt und zur Ordnung gerufen werden kann, »als telegraphische Nachricht befördert (zu) werden«.[19]

>»Die Religionslehrer sollten in den Kirchen Vorträge über die Geheimnisse und Wunder der Natur halten. Man würde da, denk' ich, Elektrisirmaschinen auf den Altar gesetzt und die Gläubigen mit galvanischen Säulen gerührt haben«.
>Graf Gustav von Schlabrendorf über Saint-Simon[20]

4. Die technisch-phantastischen Märchen H. Chr. Andersens, etwa die »Galoschen des Glücks« oder das auf der Pariser Weltausstellung 1869 spielende Nymphenmärchen »Die Dryade«, registrieren, und das macht sie zu einer realhistorischen Quelle, die Indienstnahme romantischer und märchenhafter Energiequellen durch die Industrie. Andersen steht, genau wie nach Blochs Wort Grandville, auf der »technisch-romantischen Kippe«.[21] Mit den

194

»Galoschen des Glücks« tritt der Protagonist eine Reise zum Mond an. Die Geschwindigkeit des Lichtes ist »neunzigmillionenmal schneller als der beste Wettläufer, und doch ist die Elektrizität noch schneller«. Die vom Körper getrennte Seele fliegt »mit der Schnellpost der Elektrizität«.[22]

Andersens Text skizziert die Verwandlung einer Traumenergie in Technik. Wenn Heinrich Heine die Ausstrahlung Franz Liszts (Andersen war mit beiden bekannt) mit »Magnetismus, Galvanismus, Elektrizität, ... Histrionalepilepsis, ... dem Phänomen des Kitzelns ... musikalischen Kanthariden und andren skabrosen Dingen, welche ... Bezug haben auf die Mysterien der bona dea«[23] vergleicht, so liefert er damit beiläufig eine ganze Phänomenologie des romantischen – 1844 schon nicht mehr ganz ernst genommenen – Verständnisses von Elektrizität. Andersens Text zielt ebenso auf die technische Nutzanwendung der Elektrizität, die in den 30er und 40er Jahren des Jahrhunderts zunächst noch im Experiment realisiert wurde: Faraday entdeckte 1831 das Phänomen der Induktion, Morse konstruierte 1837 den elektrischen Schreibtelegraphen, Siemens 1846 den elektrischen Zeigertelegraph, Goebel 1854 die Kohlenfadenlampe, um nur einige Beispiele zu nennen.

Die Metamorphose des »Schatzes« in die Ware findet hier eine Entsprechung – ein Phänomen der Säkularisierung, das sich ebenso gut am sich wandelnden Verständnis des Begriffes Chemie ablesen läßt. Goethes Romantitel »Wahlverwandschaften« ist lediglich die Verdeutschung des Titels »De attractionibus electivis«, den der schwedische Chemiker Torbern Olof Bergmann einem seiner Werke gab, in dem er, und das wurde von Goethe per Analogieschluß auf menschliche Beziehungen übertragen, die naturgesetzliche, bestehende Verbindungen sprengende, Anziehung von Elementen beschreibt. Goethe versteht dabei explizit die Elemente und die Menschen als »Eine Natur«[24] und nimmt damit Gedanken der Frühromantiker wieder auf – so sprach Friedrich Schlegel in den Athenäum-Fragmenten von der »logischen« und »moralischen Chemie«[25] und konstatierte: »Revolutionen sind universelle, nicht organische, sondern chemische Bewegungen«.[26] Ähnlich Novalis, lange vor Goethes Wahlverwandschaften, über die »Theorie der Wollust«: »Die eigentlich wollüstige Funktion (Sympathie) ist die ... auf Totalität (Mischung) der Vereinigung dringende – die chemische«.[27] Dieser universalistische Chemiebegriff der Romantik wurde in den 40er Jahren mit dem ersten chemischen Laboratorium von Justus Liebig aufgehoben. Das Anilin, mit dessen Hilfe Schmutz, d.h. Steinkohlenteer in die prächtigsten Farben verwandelt werden konnte, wurde jetzt die reale Einlösung der alchimistischen Retortenträume.

5. »Der Technik sind gegenwärtig die Mittel gegeben electrische Ströme von unbegrenzter Stärke auf billige und bequeme Weise überall da zu erzeugen, so Arbeitskraft disponibel ist. Diese Thatsache wird auf mehreren Gebieten derselben von wesentlicher Bedeutung werden«. Das sind die Schlußworte eines Aufsatzes, den Werner von Siemens 1867 der Preußischen Akademie der Wissenschaften vortragen ließ. Die Prophezeiung war nicht übertrieben; die dynamo-elektrische Maschine von Siemens, kurz Dynamo, ist die Voraussetzung der Starkstromtechnik und damit der industriellen Nutzung des elektrischen Stromes. Der vom Generator erzeugte Strom ließ sich über große Entfernungen transportieren, und man war beispielsweise in den Fabriken nicht mehr abhängig von der zentralen Dampfmaschine, deren Bewegungsenergie über komplizierte mechanische Transmissionsapparate zum möglichst naheliegenden Arbeitsplatz gebracht werden mußte. Edison konnte seit 1882 von den »Elektrischen Zentralen« aus die Glühbirnen in den Privathäusern mit Elektrizität versorgen.

Hier beginnt die Realgeschichte der Elektrizität, die enorme Auswirkungen auf das Alltagsleben haben sollte. Edison kündigte an, was mit den unsichtbar fließenden elektrischen Strömen geschehen solle: »Die Kabel werden durch alle Straßen und in alle Häuser führen und sollen nicht nur Licht bringen, sondern auch Motorenenergie und Heizung. Mit Elektrizität wird man Nähmaschinen, Waschmaschinen und Schuhputzmaschinen betreiben können, ja sogar kochen«.[28] Kennzeichen der Elektrizität ist ihre geräuschlose Allgegenwärtigkeit. Die Anwendungsmöglichkeiten sind, anders als beim Gas, beinahe unbeschränkt. Elektrizität ist »reine, geruchlose und körperlose Energie«.[29] Die technischen

Möglichkeiten wurden dem staunenden Publikum 1881 auf der Pariser Elektrizitätsausstellung präsentiert: Dynamos von Siemens und Edison, Kabel, Telephone, die erste Straßenbahn mit Oberleitung und Glühlampen (die Sensation) en masse. Die 80er Jahre brachten in Industrie und Alltag – und in der literarischen Phantasie – die neue Energiequelle zur Anwendung. Die Wirkung auf die Gemüter war ambivalent.

Die am besten sichtbare Auswirkung war das elektrische Licht. Das revolutionierend Neue war nicht die zentrale Energieversorgung, die es ja bei Wasser und Gas schon längst gegeben hatte, sondern die besondere Qualität des elektrischen Lichtes in den Innenräumen. Sieht man sich zeitgenössische Beschreibungen an, so fällt auf, daß als Spezifikum des elektrischen Lichtes galt, daß es überall präsent war und nicht wie das Gaslicht die Dunkelheit nur punktuell erleuchtete. »Bis in die entlegensten Winkel«, schreibt Zola in seinem Kaufhausroman, drang »blendend und unverändert stark« das neue Licht: Nichts gab es mehr außer diesem blendenden, einem weißen Licht«.[30]

In der ironischen Bemerkung Prousts, daß man, »als es überall elektrische Beleuchtung gab, ein ganzes Haus im Nu in Dunkel versetzen konnte«,[31] zeigt sich die andere Seite des künstlichen Lichtes – die jederzeitige Verfügbarkeit verwandelt auch das Nicht-Licht, die Dunkelheit, zur verfügbaren Größe. Das elektrische Licht macht auch die Dunkelheit an- und abschaltbar.

Zeitgenössische Berichte sprechen von der »gewaltigen Strahlung des elektrischen Lichtes«.[32] Dieses Licht ist hart und grell, läßt keine schummerigen Winkel. Passanten auf der Straße fühlten sich von den harten Strahlen des Bogenlichtes durchbohrt – so heißt es in einem Bericht von 1855, daß das Licht so stark war, »daß die Damen ihre Schirme aufspannten – ... um sich gegen die Strahlung dieser geheimnisvollen neuen Sonne zu schützen«.[33]

Das elektrische Licht ist starr und gleichförmig wie die homogenisierte Zeit – das Flackern der Kerze und die Schwankungen des Gaslichtes weichen einem gleichförmigen Lichtstrom, in dem Dinge und Menschen durch die gleichmäßige, Schatten und Perspektiven verwischende Lichtquelle gleichsam entmaterialisiert werden. Im elektrischen Licht werden, anders als im differenzierten Tages-, Kerzen- oder Gaslicht, die Dinge entkörperlicht; räumliche Volumina, die sich in Licht und Schatten dem Auge darbieten, werden in der gleichmäßig starren Helligkeit vernichtet. Dieses Licht ist, nach dem Ausdruck Bachelards, »verwaltetes Licht«[34] von allgemein-abstrakter Qualität im Gegensatz zu den individuellen Beleuchtungskörpern der Vergangenheit. Die zentrale Energieversorgung und die großflächigen Anwendungsmöglichkeiten des elektrischen Lichtes bedingen einander.

Die illusionslose elektrische Helligkeit kennt so wenig dunkle Schatten wie die impressionistische Malerei, die zur gleichen Zeit entstand. Die Beschreibung, die der Kunsthistoriker Wilhelm Hausenstein von seiner Erfahrung mit dem Kerzenlicht während der Bombennächte des Zweiten Weltkrieges gibt, in denen das elektrische Licht ausgefallen war, umreißt das Apperzeptionsproblem. Er schreibt, »das alle Gegenstände in dem »schwächeren« Licht der Kerze ein ganz anderes, das heißt: ein viel tieferes und höheres Relief gewinnen – das eben der wirklichen Dinglichkeit. Unter dem elektrischen Licht ist es verlorengegangen: die Sachen liegen darunter (scheinbar) zwar deutlicher; aber in Wahrheit macht das elektrische Licht die Dinge platter; es teilt ihnen zuviel Helle mit, und damit verlieren sie an Körper, an Umriß, an Substanz; an Wesen überhaupt. Unter dem Licht der Kerzen liegen die Schatten mit viel größerer Bedeutung, mit einer recht eigentlich gestaltenden Macht an den Gegenständen, und an Helle wird soviel mitgeteilt, als die Dinge brauchen, um ... das zu sein, was sie sind – ihre Poesie eingeschlossen«.[35]

Die Beleuchtung mit Kerzen, die Hausenstein hier beschreibt, erschien dem Soziologen Thorstein Veblen, dem Zeitgenossen der ersten Elektrifizierungswelle von 1880/90, als Snobismus und leere Konvention; der Helligkeitseffekt unbefriedigend.[36] Der (raum-)tiefe Blick, den Hausenstein auf die Dinge wirft, erschließt die Historizität der Wahrnehmung: erst die Kriegskatastrophe macht die Erfahrung der Dinge in einem natürlich organischen Licht wieder möglich, in dem sie nicht, wie im elektrischen Licht, alle gleich platt erscheinen. Im Kaufhaus dagegen (Zola) kommt es, anders als in der privaten Wahrnehmung, nicht darauf an, die Dinge (gut Heideggerisch) in ihrer Dinglichkeit zu präsentieren, sondern hier ist es im elektrischen Licht die Ware, die als körperlose Lichtgestalt erscheint. Hausenstein nimmt in verblüffender Weise in seiner Apologetik des natürlichen Lichtes die Argumente wieder auf, die Odilon Redon 1880 gegen die Impressionisten vorgebracht hatte, die »ohne Flächen zu kontrastieren, ohne Ebenen zu gliedern, ... sogleich die Schwingung des gesehenen Tones« wiedergeben. Nach seiner Meinung kann »der Ausdruck des Lebens ... erst im Hell-Dunkel sichtbar werden«.[37] Das elektrische Licht ist körperlos wie das impressionistische – beides betont den schönen Schein der Dinge, ohne nach deren »Substanz« zu fragen.

Ist die Elektrizität auch eine körperlose, unsichtbare Energie, deren Wirkungsweise weit von der Anschaulichkeit einer Dampfmaschine entfernt ist, so wurde sie dennoch, oder gerade deswegen, als Lebenskraft angesehen: »Für das Jahrhundert von Hermann von Helmholtz waren Elektrizität, Energie und Leben Synonyme«.[38] Die Phantasien um die Schöpfung eines künstlichen Menschen erhielten durch die Elektrizität neuen Auftrieb. Villiers de l'Isle Adam verbindet in seinem Roman »Die Eva der Zukunft« (1886) den Mythos um Edison mit einem Schöpfungsmythos. Induktionstastaturen, fluktuierende Visionen, Elektrizität, Nervenfluida, metallische Drähte und belebende Ströme lassen den Androiden entstehen, als erstes Produkt einer zukünftigen »Manufaktur von Idealen«.[39] Alfred Jarry ersinnt in der Groteske »Le Surmale« einen elektro-magnetischen Apparat, »die Maschine-zum-Erwecken-der-Liebe«.[40] Ein Nachhall bei Maeterlinck, er schreibt über das Automobil, das »Ungetüm«: »Seine Seele, das ist der elektrische Funke, der sieben bis achthundertmal in der Minute seinen Atem erglühen läßt«.[41]

So wie hier die Elektrizität Leben und sogar Liebe erzeugt, so lernt man, mit ihrer Hilfe auch Menschen zu Tode zu bringen. Die Erfindung des Elektrischen Stuhles ist das negative Realkomplement zu den Phantasieerfindungen: der Staat von New York, so sagt es ein Bericht, kann sich »glücklich schätzen, daß die barbarische Methode, die Todesstrafe durch Erhängen zu vollziehen, bald durch eine humanere und wissenschaftlichere Hinrichtungsart ersetzt wird: ab 1. Januar 1889 werden die Verbrecher auf dem elektrischen Stuhl hingerichtet werden«.[42] Jarry, der ebenfalls den Elektrischen Stuhl beschreibt, sieht in den »krampfartigen Konvulsionen«, die den Verurteilten im Moment des Stromstoßes durchzucken, ein ambivalentes Phänomen – selbst der Tod wird noch aus der Perspektive der Elektrizität als Lebenskraft wahrgenommen: die Konvulsionen der bereits Getöteten erwecken den Eindruck, »als bemühte sich der Apparat, der getötet hat, verbissen, den Leichnam wieder zum Leben zu erwecken«.[43]

Elektrizität wirkt nicht nur belebend oder tötend auf den menschlichen Körper ein, sondern ebenso wurde sie in der Landwirtschaft wie ein Düngemittel verwendet oder in der Medizin für Elektrotherapien, elektrische Bäder etc.[44] In Huysmans Roman »Là-Bas« wird ein Arzt erwähnt, der angeblich »güne, ... flüssige Elektrizität« gewonnen hat und behauptet, »er habe in seinen Kügelchen und seinen Wassern die elektrischen Eigenschaften gewisser Pflanzen fest bannen können«.[45] Das Besondere ist, daß elektrische Ströme, anders als mechanische Kräfte, deren Einwirkung äußerlich bleibt, von allen nur denkbaren Seiten an die Körper angeschlossen werden, so als könnte man damit die menschlichen Kräfte ins Unendliche prolongieren. Hier bietet sich ein Mittel gegen die Ermüdung an, die u.a. als »décadence« eine der Zwangsvorstellungen des ausgehenden 19. Jahrhunderts ist, ausgelöst durch das Ohnmachtsgefühl gegenüber dem abstrakt verselbständigten gesellschaftlichen Apparat: »Betrachtete man die Ermüdung als Abschwächung der Energie, so versprach die Elektrizität deren Wiederherstellung«.[46]

Es ist vielleicht nicht verfehlt, die Auswirkungen des Bildes der Elektrizität als fließender Lebensströme auch in der Ästhetik der Jahre nach 1880 zu suchen, besonders im Symbolismus und im Jugendstil. Ströme fließenden Haares bestimmen das Bild der Frau. Den Symbolkanon der Verlockung durch das weibliche Haar beschreibt bereits Baudelaire im Gedicht »La Chevelure« / »Das Haar«

»O Vlies auf deinen Schultern, welche Pracht«

...

Will dorthin ziehen, wo Baum und Mensch voll Saft
Sich ganz verströmen in dem Sonnenglast;
Geflecht, sei Woge, die mich weiterrafft!«
»O toison, moutonnant jusque sur l'encolure!

...

J'irai là-bas où l'arbre et l'homme, pleins de sève,
Se pament longuement sous l'ardeur des climats;
Fortes tresses, soyez la houle qui m'enlève!«[47]

Doch dieses Bild lustvollen Verströmens verwandelt sich zu dem
der Gefahr, verschlungen zu werden, beispielhaft sichtbar in
Stucks »Medusa«, deren Haare bedrohlich züngelnde Vipern
sind. Diese Angstlust, dieses Spiel mit Verlockung und Bedrohung, ist typisch für das Frauenbild der Zeit. Die allegorische
Darstellung der Elektrizität um 1900 nimmt diesen Symbolkom-
plex aus Frau, Haar, Wasser, Fließen, der Angstkomponente entkleidet, wieder auf: So wie der Elektrizitätspalast auf der Weltausstellung von 1900 sich als märchenhaftes Wasserschloß präsentiert, gekrönt von einer nackten Göttin der Elektrizität, so stellt
eine zeitgenössische Darstellung das elektrische Licht als Venus
mit langem Haar, über dem Wasser schwebend, dar. Gerade an
diesen Produkten der Trivialästhetik lassen sich die Phantasie-
konstruktionen um die rätselhaft strömende Elektrizität ablesen,
die nicht nur das Netzwerk der Kraftwerke als Energiequell, als
Jungbrunnen gleichsam, verbildlichen, sondern auch die Elektrizität als fließend erotische Macht erscheinen lassen.

In der Kunst sind Haare die Stromlinien der Seele – Klimt
übersetzt in seinem Beethovenfries Schillers »Seid umschlungen,
Millionen« in ornamentale Kraftlinien, die das sich umarmende
Paar umschlingen. Erotische Kommunikation erscheint im Bild
der durch Haare miteinander verwobenen oder verstrickten Paare
– auf Munchs Holzschnitt »Männerkopf im Frauenhaar« (1896)
wie auf Peter Behrens', ab 1907 bei der AEG, berühmter Litogra-
phie »Der Kuß«. Die Haare übersetzen die Seelenströme in Orna-
mentlinien, den Feldlinien eines Magnetfeldes vergleichbar, die

durch elektrische Ströme oder durch veränderliche elektrische Felder hervorgerufen werden: ein Bild immaterieller Kommunikation, in der die Ströme die Körper leiten, bzw. leitend machen. Im Jugendstil wird der Mensch »zur organischen, vegetabilischen Seele. Der unmittelbare Leib aus Knochen, Fleisch, Muskeln, Haut, Nägeln und Haaren kam zum Verschwinden, ward aufgelöst in dies treibende Sehnen«[48] – und möglicherweise ist die Elektrizität, ihr ständiges, unsichtbares Fließen, eine der Realinspirationen für das neue, ätherische Körperparadigma.

6. Die Vorstellung unsichtbarer, aber dennoch sehr wirkungsvoller Energien, die in irgendeiner Weise auf die Individuen einwirken, ist vermutlich *das* Phantasma der letzten 20 Jahre des 19. Jahrhunderts. Oft ist die Sprache doppeldeutig – ist die Elektrizität ein Bild dieser Energien oder erscheinen die Energien im Bild der Elektrizität. Die Anwendung dieses Gedankenmodells reicht von der Psychotechnik und Psychodynamik bis hin zu neuromantisch-philosophischen Theorien psychischer Energie. Die Psychologie suchte, wie die Arbeitswissenschaft, nach den Gesetzen der Nervenerregungen, um von da aus die Energien des Menschen besser in den Griff zu bekommen. In Eduard von Hartmanns »Philosophie des Unbewußten« (1869), einem zu seiner Zeit vieldiskutierten Werk, wird die Übertragung eines Bewegungswillens auf ein Körperglied ganz im Bild der Telegraphie vorgestellt: die Rede ist von »Nervenleitungen«, von »Willensimpulsen«, die »empfangen« werden, von »ausgehenden Strömen«, und »unterbrochenen« Leitungen.[49] Der Wille bedient sich also etwas, das Sternberger einer Morsetastatur vergleicht. Hartmann, ausgehend von dem »am nächsten mit den Nervenströmen verwandten elektrischen Strom«, denkt im Bild der elektrischen Apparatur die Übertragung der psychischen Willensenergie.[50] Ströme durchfließen den Menschen, und es geht darum, diese Ströme richtig zu leiten.

Hartmann spricht von der »Claviatur im Gehirn«[51], die die Nervenströme organisiert. Diese Konzeption des Psychischen als elektrisch-telegraphischer Vorgang findet sich noch, und das zeigt ihre Reichweite, 30 Jahre später bei Peter Altenberg, der 1901 den

»Telegrammstil der Seele« propagiert.[52] Altenbergs verkürzender, mit Andeutungen arbeitender Stil ist durch die ausgiebige Benutzung von gehäuften Gedankenstrichen, d.h. von Elementen der Morsesprache bestimmt. Was Thomas Mann als »infantile Interpunktion« abtut[53], ist ein Verfahren, unbenennbare kommunikative Vorgänge als elektromagnetische Impulse darzustellen. Altenberg zu lesen ist damit eine Dechiffrierung nonverbaler Kommunikationsströme, die scheinbar beständig zwischen den beteiligten Personen vorhanden sind.

Für Altenberg ist der »Telegrammstil« keine Abstraktion – wie etwa für den alten Stechlin, der sich beklagt: »Es ist das mit dem Telegraphieren solche Sache, ... Schon die Form, die Abfassung. Kürze soll eine Tugend sein, aber sich kurz fassen, heißt meistens auch, sich grob fassen. Jede Spur von Verbindlichkeit fällt fort...«[54] – sondern es ist eine Möglichkeit, komprimierte seelische Energien mit Hilfe der verkürzten, impressionistischen Andeutung und der telegraphischen Zeichensprache darzustellen. Die durch Morsezeichen angedeuteten seelischen Ströme sind auch ein Mittel, um, wie er an anderer Stelle sagt, die »Lebensenergien«, d.h. »die Kraft, die unser Nervensystem enthält«, vor Zersplitterung durch grobe sprachliche Konkretion und gesellschaftliche Zerstreuung zu bewahren.[55]

Es ist nur ein kleiner Schritt von der psycho-physischen Telegraphie, deren Möglichkeiten von Hartmann bis Altenberg ausgeleuchtet werden, d.h. von der richtigen Organisation der individuellen Nervenströme bis zur Synchronisation der Energieströme im Menschen mit einem kosmischen Gesamtsystem, das bei einem amerikanischen Willenstechniker als »hidden storehouse of Energy« erscheint[56] oder bei Maeterlinck als »ungeheurer Kraftbehälter«.[57] Noch Georg Simmel ist überzeugt, »daß das menschliche Individuum da sozusagen noch nicht zu Ende ist, wo unser Gesicht und Getast seine Grenze zeigen; daß vielmehr darüber hinaus noch jene Sphäre liegt, mag man sie sich substantiell oder als eine Art von Strahlung denken, deren Erstreckung sich jeder Hypothese entzieht und die genauso zu seiner Person gehört wie das Sichtbare und Tastbare des Leibes«. Als Beispiel gibt er »die gar nicht zu rationalisierenden Antipathien und Sympathien zwischen Menschen, das häufige Gefühl, von dem bloßen Dasein eines Menschen gewissermaßen eingefangen zu sein, und viel anderes«.[58]

Neuromantik und Lebensphilosophie kehren hier zu den Vorstellungen einer sich elektrisch verströmenden Weltseele zurück, wie sie Goethe und die Romantiker schon einmal formuliert hatten. Gegen das kräftezehrende moderne Leben, den »Apparat von Thätigkeit«, wird, inspiriert ganz sicher durch die gleichzeitige technische Anwendung, die Diskussion um die Elektrizität wiederbelebt. Siemens' Prophezeiung, »electrische Ströme von unbegrenzter Stärke zu erzeugen«, wirkt wie ein Signal auf die Denker des ausgehenden 19. Jahrhunderts, sich ihren Teil vom Neuen zu sichern. Ströme ungenannter Energiequellen versehen auch die Individuen mit ungeahnten Kräften.

Elektrizität wirkt nicht nur auf den individuellen Körper, sondern auch auf die Gesellschaft. Besonders deutlich in Lenins Ausspruch »Elektrifizierung + Sowjetmacht = Kommunismus«. Vermittelt spielt sie auch herein in das Denken des Elektroindustriellen und Schriftstellers Walther Rathenau, der gegen die Gefahren der Mechanisierung die Macht der Seele beschwört. Rathenau erscheint in Musils Roman »Der Mann ohne Eigenschaften« als Dr. Paul Arnheim, der die »Vereinigung von Seele und Wirtschaft« erstrebt: »Die empfindsamen, mit der feinsten Witterung für das Kommende begabten Geister verbreiteten die Meldung, daß er diese beiden in der Welt gewöhnlich getrennten Pole in sich vereine ...«[59] Musil privatisiert das gesellschaftliche Transsubstantionsmodell, die Vereinigung zweier Pole, indem er eine Liebesszene beschreibt, in der sich nach Arnheims Vorstellung »die Seelen ohne Vermittlung der Sinne berühren«: »Die geheimnisvollen Kräfte in ihnen stießen aufeinander. Es läßt sich das nur mit dem Streichen der Passatwinde vergleichen, dem Golfstrom, den vulkanischen Zitterwellen der Erdrinde; Kräfte, ungeheuer denen des Menschen überlegen ... setzen sich in Bewegung, von einem zum anderen ...; unermeßliche Ströme«.[60] Das ist die private Probe aufs Exempel; die strömend körperlose Kommunikation der Seelen scheitert schnell an den Mechanismen der Konvention. Bei Musil wird, ironisch gebrochen, der Elektroindustrielle zu einem letzten Vertreter des Glaubens an Seelenströmungen, die geheimnisvollen Fluida der Romantiker.

>>Nerven sind höhere Wurzeln der Sinne«.

Novalis[61]

>>Denn das Entnervende ist es, was uns benervt und uns, gewisse Vorbedingungen als gegeben angenommen, tauglich macht zu Darbietungen und Weltergötzungen, die nicht die Sache des Unbenervten sind.

Thomas Mann, Bekenntnisse des Hochstaplers Felix Krull[62]

7. Die »Antimetaphysischen Vorbemerkungen«, die Ernst Mach seiner »Analyse der Empfindungen« (1885) vorausschickt, enthalten für die Selbstreflexion der Epoche zwischen 1885 und 1910 zentrale Stichworte. »Das Ding, der Körper, die Materie ist nichts außer dem Zusammenhang der Elemente, der Farben, Töne usw., außer den sogenannten Merkmalen«.[63] Das, was als Körper erscheint, ist nur von relativer Festigkeit, das sich zwar dem Gedächtnis als fest umrissen einprägt, es aber nicht ist. »Als relativ beständig zeigt sich ferner der an einen besonderen Körper (dem Leib) gebundene Komplex von Erinnerungen, Stimmungen, Gefühlen, welche als Ich bezeichnet wird«.[64] Mach trennt hier den Leib vom Ich, sieht angesichts der nur relativen Beständigkeit beider Elementenkomplexe auch nur eine zufällige Verbindung. Nur die Denkökonomie – Erinnerung, Wahrnehmung etc. – schafft die Fiktion einer Einheit, aber, so die folgenreiche Bemerkung: »Das Ich ist unrettbar«.[65] Frei bewegliche Elemente bzw. Elementenkomplexe (Empfindungen etc.) haben die Vorstellung der Ding- oder Subjektkonsistenz abgelöst. Jeder Substanz- oder Identitätsbegriff ist gegenstandslos geworden.

Mach verallgemeinert den Gedanken Nietzsches, der 13 Jahre zuvor »Über Wahrheit und Lüge im außermoralischen Sinn« geschrieben hatte: »Was ist ein Wort? Die Abbildung eines Nervenreizes in Lauten«.[66] Nietzsches Reflexionen über die Sprache führen ihn zur Einsicht in den nur relationalen Charakter von Wahrheit, während bei Mach der Mensch als aufgelöst in wechselnde, jeweils veränderliche Beziehungen herstellende Erregungsströme erscheint: »Daß die verschiedenen Organe, Teile des Nervensystems, miteinander physisch zusammenhängen und durch einander leicht erregt werden können, ist wahrscheinlich die Grundlage der ›psychischen Einheit‹«.[67] Die Trennung zwischen physischen und psychischen Kräften ist damit hinfällig. Machs Bemerkung: »Spreche ich von meinen Empfindungen, so sind dieselben nicht räumlich in meinem Kopf, sondern mein ›Kopf‹ theilt vielmehr mit ihnen dasselbe räumliche Feld«[68] kehrt in der Ästhetik der Wiener Moderne wieder in der Figur des passiv die Reize durch sich hindurchströmen lassenden Sensitiven, der von wandelbaren Stimmungen beherrscht wird.

Diese Ästhetik wurde, in enger Anlehnung an Mach, von Hermann Bahr formuliert. Er ist für das Junge Wien der Stichwortgeber, der die immer neuen Moden kreiert, immer neue Bezeichnungen zur Beschreibung der immer gleichen Symptome. Er setzt an bei einer Kritik des Naturalismus, dessen Oberflächenverhaftung und scheinbare Objektivität einer freien künstlerischen Sichtweise im Wege stehe. Die »neuen Menschen« haben, so schreibt Bahr in der »Überwindung des Naturalismus« (1891), ein neues Wahrnehmungsmedium entdeckt: »Sie sind Nerven; das andere ist abgestorben, welk und dürr. Sie erleben nur mehr mit den Nerven, sie reagieren nur mehr von den Nerven aus. Aus den Nerven geschehen ihre Ereignisse und ihre Wirkungen kommen von den Nerven. ... Der Inhalt des neuen Idealismus ist Nerven, Nerven, Nerven ...«[69] Gegen den Naturalismus wird der Idealismus gesetzt, das ephemere Erlebnis gegen die dürre Objektivität. Es gibt keine Ereignisse, keine objektive Wirklichkeit mehr, sondern Wirklichkeit ist nur das, worauf die Nerven reagieren. Die Nerven werden zur ästhetischen Zentralkategorie.

Das Stichwort Idealismus wird bei Bahr drei Jahre später (Studien zur Kritik der Moderne, 1894) durch »Décadence« abgelöst. Die Décadents wollen »modeler notre univers intérieur«, »sie sind eine Romantik der Nerven. ... Nicht Gefühle, nur Stimmungen suchen sie auf. Sie verschmähen nicht bloß die äußere Welt, sondern am inneren Menschen selbst verschmähen sie allen Rest, der nicht Stimmung ist. Das Denken, das Fühlen, das Wollen achten sie gering und nur den Vorrat, welchen sie jeweilig auf ihren Nerven finden, wollen sie ausdrücken und mitteilen. ... Diese neuen Nerven sind feinfühlig, weithörig und vielfältig und teilen sich untereinander alle Schwingungen mit«.[70]

Der neue dekadente Idealismus wird an die alte Romantik angeschlossen, die dabei erheblich modifiziert wird. Gefühl wird gegen Stimmung ausgespielt; wo die Romantik beide Wahrnehmungskategorien kannte, bleibt hier nur Stimmung übrig, und nicht ohne Grund: Gefühl ist subjektgebunden, Stimmung letztlich davon unabhängig; Gefühle beziehen sich auf konkrete Erlebnisse, während Stimmungen diffus aus unwägbaren Faktoren zusammengesetzt sind – Stimmungen stimmen den Menschen, wie ein Instrument aus fremder Hand gestimmt wird. Der Rekurs auf die Romantik ist insofern zwiespältig, als das »univers intérieur« Innerlichkeit, einen Innenraum, also ein wie auch immer abgegrenztes Subjekt voraussetzt, während bei Bahr das Subjekt aufgegeben ist zugunsten der Nerven, deren Schwingungen nurmehr Stimmungen erzeugen. Das Subjekt ist, so die unausgesprochene Konsequenz, nur noch der eher zufällige Kreuzungspunkt von Erregungen, wobei die Unterscheidung von Innen und Außen hinfällig ist. Nervenreize sind so körperlos und unsichtbar wie die Elektrizität; sie stehen für ein neues, körperloses Körperparadigma, Produkt eines postmechanischen Denkens.

Im »Dialog vom Tragischen« (1904) findet Bahr einen weniger problematischen Begriff für sein Anliegen, als es Nerven-Idealismus und Nerven-Décadence gewesen waren. Impressionismus lautet die neue Formel. Wie für den Décadence-Begriff Huysmans Des Esseintes Pate gestanden hatte, so ist es hier ein anderes Produkt der französischen Moderne, nämlich die impressionistische Malerei, das Bahr nach Wien transponiert. Der Impressionist, so sagt er, »löst die Erscheinung, die er darstellen will, in viele bunte Flecken oder Punkte auf, die in einer gewissen Entfernung erst einmal seltsam zusammenschießen, und, eben noch wirr flackernd, unförmlich, sich nun plötzlich zur schönsten Gestalt gefunden haben. ... (Das Bild) verschwindet, es entsteht, wie ich

will, unter meinen Augen«.[71] Wie die Nervenerregungen ohne
zentralen Impuls sind, diffus schwingen, so ist es mit den Objekten, den Gegenständen der impressionistischen Malerei – in Flek-
ken und Punkte aufgelöst, ist die Gestalt nicht fest umrissen, sondern erscheint und verschwindet je nach Standpunkt des Betrach-
ters. Die Gestalt ist nur von relativer Beständigkeit. Bahr überträgt die Wahrnehmungsform impressionistischer Malerei auf das
Bild der Welt, die so wenig »wirklich« sei wie diese. Damit kehrt
Bahr, ohne es zu sagen, wieder zum Naturalismus zurück, dessen
Theorie sich, zumindest ursprünglich, mit der des Impressionismus deckte: Ziel war (besonders deutlich bei Seurat) die physika-
lisch korrekte Wiedergabe der Lichtreflexe. Aber der so verstan-
dene Impressionismus war ein Naturalismus ohne Objekt, und
das erlaubt Bahr den Anschluß.

Erst hier, 1904, beim Stichwort Impressionismus, bezieht sich
Bahr auf Machs »Analyse der Empfindungen«, die er zur »Philosophie des Impressionismus« erklärt. Daß Mach sich bei seiner
Analyse immer wieder auf optische Phänomene bezieht, erleichtert dem Ästhetiker Bahr, ausgehend von Überlegungen zur Malerei, künstlerische mit philosophischen Reflexionen zu verbinden. Machs Buch wird zur Rechtfertigung der Wiener Moderne
und des Kultes der körperlos flimmernden Nervenstimmungen.

Die Nerven sind nicht nur ein ästhetisch faszinierendes Phänomen – auch die Psychologie beginnt sich seit den 90er Jahren
verstärkt für die Erscheinungsformen des Nervenlebens zu interessieren. Dabei wandelt sich die ästhetische Empfänglichkeit für
Nervenreize zum Krankheitssymptom. Beard, Erb, v. Krafft-
Ebing, Binswanger, Moll, Freud und Adler etwa veröffentlichen
Studien zum Thema, in denen sie nach den kulturellen Ursachen
der modernen Nervosität fragen. Erb betont die Bedeutung der
Mobilität: »Durch den ins Ungemessene gesteigerten Verkehr,
durch die weltumspannenden Drahtnetze des Telegraphen und
Telephons haben sich die Verhältnisse in Handel und Wandel to-
tal verändert; alles geht in Hast und Aufregung vor sich, die
Nacht wird zum Reisen, der Tag für die Geschäfte benutzt, selbst
die Erholungsreisen werden zu Strapazen für das Nervensystem

... das Leben in den großen Städten ist immer raffinierter und unruhiger geworden«.[72]

Der Rhythmus des Geld- und Warenverkehrs bestimmt den des menschlichen Lebens – der ständige Austausch von Dingen und Informationen suggeriert ein ebenso diffuses gesellschaftliches Bewegungsbild, wie die Nervenschwingungen für den einsamen Ästheten. Wie in der impressionistischen Kunst die Konturen der Dinge verschwinden, so verschwinden im gesellschaftlichen Leben die Grenzen zwischen Tag und Nacht; die in der Großstadt erst im Gas-, dann im elektrischen Licht permanent fließenden Waren- und Verkehrsströme zeigen an, daß sich der Gesellschaftskörper in ein Schwingungsfeld aufgelöst hat, in dem das Einzelne, Abgegrenzte sich verflüchtigt. Die Erinnerung an Marxens Bemerkung von dem der »Ware mangelnden Sinn für das Konkrete des Warenkörpers« (»Geborener Leveller und Zyniker, steht sie daher stets auf dem Sprung, mit jeder anderen Ware ... nicht nur die Seele, sondern auch den Leib zu wechseln«[73]) drängt sich auf, handelt es sich doch dabei um eine ökonomische Analogie zu den ständigen Metamorphosen der Stimmungen und Nervenreize, die Ästhetik und Psychologie der 90er Jahre propagieren bzw. konstatieren. Den Zusammenhang zwischen der »Steigerung des Nervenlebens« und der Geldwirtschaft betont auch Georg Simmel in seinem 1903 erschienenen Aufsatz »Die Großstädte und das Geistesleben«.

Die Psychologen interessiert etwas anderes, nämlich die Diagnose der spezifisch modernen Neurasthenie, deren vollständiges Krankheitsbild Anfang der 80er Jahre als erster der amerikanische Arzt George Beard beschrieben hatte. Allgemein formuliert lautet die These, die Beard und seine Nachfolger vertreten, daß die gesteigerten Anforderungen, die das moderne Leben an die Nerven stelle, schließlich zur Ermüdung des psychischen Gesamtsystems führen.[74]

Freud anerkennt in seinem Aufsatz »Die ›kulturelle‹ Sexualmoral und die moderne Nervosität« (1908) zwar die sozialhistorischen Einflüsse, die von den anderen psychologischen Autoren geltend gemacht wurden, aber er vermißt eine präzise Entsprechung zwischen diesen Faktoren und den konkreten Krankheitssymptomen. Diesem Mangel sucht er abzuhelfen durch die Bezugnahme auf die Unterdrückung des Sexuallebens, auf der Kultur aufgebaut sei. Er geht gleichsam den umgekehrten Weg seiner Vorgänger, untersucht streng im Sinne seiner Theorie die Sexualunterdrückung und entwickelt eine präzise Diagnose, die bisher gefehlt hatte. Aber indem er diese Fehlstelle füllt, enthistorisiert er die Nervosität, indem er auf den Zusammenschluß seines allgemeingültigen Krankheitsbildes mit den neuartigen sozialhistorischen Phänomenen verzichtet. Denn die kulturelle Sexualunterdrückung ist keineswegs identisch mit der modernen Mobilität, oder aus ihr abzuleiten, sondern ist ein eher allgemeines kulturgeschichtliches Phänomen. Der psychoanalytische Ansatz Freuds und der sozialhistorische seiner Vorgänger bleiben unverbunden. Bahr, Erb und Simmel, schließlich Freud bieten differente Interpretationen der Nervosität, die sich nur in einem Punkt einig sind: der Dominanz nervöser Reizungen gegenüber weniger diffusen, abgegrenzten, ziel- und objektgerichteten Wahrnehmungsformen.

8. Maupassant läßt 1884 den traditionellen Sermon über Magnetismus und Elektrizität in eine kleine phantastische Geschichte zusammenrinnen: »Ein Verrückter?« Die Grenzen des Ichs des Helden werden permanent und besonders an Abenden, die »elektrisch aufgeladen sind« eingerissen durch den Ansturm von Objekten, die von einer außerordentlichen »magnetischen« Kraft bewegt, auf ihn zuströmen. Diese Anziehungsmacht wird gleichzeitig als entleerend empfunden, als eine Kraft, die »aushöhlt und erschöpft«.[75] Das Subjekt fühlt sich im Zentrum von Kräften, die es zerstören. Maupassants literarische Fiktion zeigt die Angst vor unsichtbaren Kräften in romantischer Terminologie, die keinen direkten Schluß zuläßt auf die tatsächliche historische Erfahrung.

Strindbergs Tagebücher von 1894-97, unter dem Titel »Inferno« veröffentlicht, verbinden dagegen die eigene Bewußtseinskrise stellenweise sehr genau mit den Phänomenen des nervös machenden modernen Lebens, das unheimliche elektrische Spannungszustände erzeugt. So etwa am Beispiel des modernen Verkehrswesen: »Steig allein in einen vollbesetzten Eisenbahnwagen.

Keiner kennt den anderen, alle sitzen still da. Alle empfinden je nach dem Grad ihrer Empfindlichkeit ein großes Unbehagen. Da geht eine mannigfaltige Kreuzung verschiedener Strahlen vor sich, die allgemeine Beklemmung erzeugt. Es ist nicht warm, aber man glaubt zu ersticken: die Geister, die zum Uebermaß mit magnetischen Fluida geladen sind, fühlen ein Bedürfnis zu explodieren; die Intensität der Ströme, verstärkt von Influenz und Kondensation, vielleicht sogar von Induktion, hat ihr Maximum erreicht. Da nimmt einer das Wort: Die Entladung hat stattgefunden, und die Neutralisierung ist eingetreten ...«[76]

Die Erfahrung der Anonymität im Massenverkehrsmittel, die Vereinigung fremder Individualitäten, die sich nur sehen, ohne miteinander zu sprechen, bezeichnet eine Verfremdung der gewohnten Kommunikation: die Form der durch Sprache vermittelten vertrauten Nähe ist ersetzt durch eine Situation, in der die Subjekte sich nah sind und gleichzeitig fremd. Es entsteht eine Kommunikationssituation, in der die gegenseitigen Wahrnehmungen nicht sprachlich, d.h. begreifbar, akustisch fest umrissen wie ein Ding, hergestellt werden, sondern diffus strömen. Die Erfahrung, die Strindberg irritiert, und die er im Bild der nervöselektrischen Spannungszustände fixiert, ist die gleiche, die Georg Simmel als das »Übergewicht des Sehens über das Hören« in den öffentlichen Beförderungsmitteln beschrieben hatte.[77]

Strindberg irritiert das Gefühl, von unsichtbaren anonymen Kräften verfolgt zu werden. Die Anonymität der sozialen Beziehungen in einem großstädtischen (Pariser) Hotel wird bedrohlich, da sie autonomes Verhalten, wie in überschaubaren Situationen mit konkreten Kontakten unmöglich macht. Die unsichtbare Nähe von Menschen, die sich bewegen, ohne daß eine Einsicht in ihre Motive möglich ist, ist beängstigend. So heißt es über einen Zimmernachbarn: »Seltsam ... ist, daß er seinen Stuhl zurückschiebt, wenn ich meinen bewege; daß er meine Bewegungen wiederholt, als wolle er mich durch seine Nachahmung necken. ... Wenn ich schlafen gehe, legt sich der andere nieder ... Ich höre ihn, wie er sich parallel mit mir ausstreckt«.[78] Die Anonymität erleichtert diesen Beziehungswahn, eine reale Rückkopplung mit dem Anderen ist unter diesen Umständen unmöglich. Vergleichbar eine andere

Wahrnehmung: »Sobald ich in ein Hotel eingezogen bin, bricht ein Lärm los ... Schritte schleppen und Möbel werden gerückt. Ich wechsle das Zimmer, ich wechsle das Hotel: Der Lärm ist da, über meinem Kopfe. Ich gehe in die Restaurants: Sobald ich mich im Speisesaal an den Tisch setze, beginnt das Gepolter«.[79] Die Umwelt ist ständig präsent, das Subjekt kann sich nicht abschließen; es ist permanent durchquert von Geräuschen, die alle Kräfte absorbieren. Das Subjekt ist zur Folie degradiert, in die sich die Bewegungen der Anderen einschreiben. Die Nervenerregungen Bahrs sind zum quälenden Dauerzustand geworden.

Das gesellschaftliche Leben erscheint als Spannungsfeld, in das die Subjekte willenlos hereingezogen werden und sich auflösen: »(Allein) fühlte er, wie seine Nerven sich ordneten und beruhigten. Er fand sich selbst wieder als etwas Abgeschlossenes, das für sich existiert. Er strahlte nicht mehr aus, sondern verdichtete sich«.[80] Die Nervenströme materialisieren sich und erscheinen als Verstrickung: »Allein, empfinde ich sofort eine unbeschreibliche Erleichterung; die Unlust hört auf, der Kopfschmerz verschwindet und es ist, als ob die Windungen im Gehirn und das Flechtwerk der Nerven mit denen eines Anderen verwickelt gewesen wären, aber jetzt anfingen, sich zu entwirren«.[81] Doch gibt es für ein Ich, das sich nicht abgrenzen kann, das immer in Strömen und Verstrickungen gebannt ist, auch die Umkehrung der das Selbst auflösenden Verbindungen: Jetzt zerstört die Trennung die als Ich-Einheit empfundene Verbindung mit einer anderen Person. Der Weg weg von der geliebten Frau ist eine Selbstentleerung: Das Ich ist wie »ein Kabel aus Kautschuk, das sich verlängert. ... Ich komme mir vor, wie eine Puppe des Seidenwurms, die durch die große Dampfmaschine abgewickelt wird. ... Jetzt ist es die Lokomotive, die mir die Gedärme, die Gehirnlappen, die Nerven, die Blutgefäße, die Eingeweide so spult, daß ich wie ein Gerippe in Basel ankomme«.[82] Das Subjekt denkt sich in der Form des technisch Neuen wie Kautschuk und Elektrizität. Dieses Neue ist manipulierbar, es wird zum Bild dessen, was zerstört.

Der nervöse Leib ist körperlos, beliebig aufladbar mit Spannungen. Die nervösen Zustände nehmen bei Strindberg die Form eines Elektrowahns an: die Gegenstände verwandeln sich in Elektrisiermaschinen, die das Subjekt zum Opfer von Strömen machen. »Eine Decke (ist) über einen Strick gehängt, augenscheinlich um etwas zu verbergen. Auf dem Mantel des Kamins sind in Stapeln Metallplatten aufgehängt, die durch Querhölzer voneinander getrennt sind. Auf jedem Stapel liegt ein Photographiealbum oder irgendein Buch, offenbar, um diesen Höllenmaschinen, die ich für Akkumulatoren halten möchte, ein unschuldiges Aussehen zu geben«.[83] Oder er bemerkt »das amerikanische eiserne Bett, dessen vier in Messingkugeln endende Pfeiler den Leitern einer Elektrisiermaschine gleichen«.[84] Verfolgt von Elektrikern, empfängt er »elektrische Duschen«, trägt einen »elektrischen Gürtel« usw.[85]

Das Flechtwerk der Nerven findet eine Entsprechung in den Leitungsdrähten, die von allen Seiten an das Subjekt angeschlossen zu werden drohen, um es zu vernichten. Die unsichtbaren elektrischen Ströme sind die Metapher des Nervenlebens: Der Körper ist zum Spannungsfeld geworden, zum zufälligen Kreuzungspunkt fremdbestimmter Einwirkungen. Strindbergs Elektrowahn entfaltet sich vor dem Hintergrund der schnell veränderlichen anonymen sozialen Beziehungen in der Großstadt, in der die Objekte, Dinge wie Menschen, nurmehr als Nervenreize erfahren werden.

Anmerkungen

1 J. W. v. Goethe, Jubiläumsausgabe, Bd. 40, S. 333

2 Novalis, Enzyklopädie, II. Mathematik und Naturwissenschaften, in: Novalis, Werke und Briefe, Hg. A. Kelletat, München 1968, S. 483, Nr. 378

3 Ricarda Huch, Die Romantik, Tübingen 1979, S. 596

4 ebd., S. 607f.

5 J. W. v. Goethe, Brief an J. F. Krafft vom 11.12.1778, in: Briefe, Hamburger Ausgabe, Hg. Mandelkow/Morawe, 4 Bde., Hamburg o. J., Bd. I, S. 256f.

6 Mary Shelley, Frankenstein, München 1970, S. 71; vgl. ebd., Nachwort, S. 324f.

7 Karl Marx, Die Frühschriften, Hg. Siegfried Landshut, Stuttgart 1971, S. 299

8 vgl. zur Vorgeschichte: M. Heidelberger/S. Thiessen, Natur und Erfahrung, Hamburg 1981, S. 98ff., bes. 108

9 W. u. A. Durant, Kulturgeschichte, Frankfurt, Berlin, Wien 1982, Bd. 14, S. 281

10 zit. n. Friedell, Kulturgeschichte der Neuzeit, München o. J., S. 619

11 Franz Blei, Ungewöhnliche Menschen und Schicksale, Berlin 1929, S. 147ff.

12 E.T.A. Hoffmann, Der Magnetiseur, in: Fantasiestücke, S. 214

13 ebd., S. 214

14 J. P. Eckermann, Gespräche mit Goethe, Dritter Teil, 7.10.1827, S. 655

15 Hegel, Phänomenologie des Geistes, Frankfurt 1980, S. 194f. (V, A, a)

16 Kleists Werke, Berlin, Weimar 1976, (Bibliothek Deutscher Klassiker), Bd. 1, S. 310

17 vgl. Karl Heinz Bohrer, Plötzlichkeit, Zum Augenblick des ästhetischen Scheins, Frankfurt 1981

18 Balzac, Cäsar Birotteau, Berlin 1954, S. 6; vgl. Balzac, Seraphita, in: Mystische Geschichten, Zürich 1982, S. 19

19 Lewis Caroll, Alice hinter den Spiegeln, Frankfurt 1980, S. 44 (Kapitel 3)

20 Graf Gustav von Schlabrendorf in Paris über Ereignisse und Personen seiner Zeit (in Carl Gustav Jochmann, Reliquien, Aus seinen nachgelassenen Papieren, Gesammelt von Heinrich Zschokke, Erster Band, Hechingen 1836 p 146); zit. n. Benjamin, G. S. V, S. 741

21 Ernst Bloch, Das Prinzip Hoffnung, Frankfurt 1976, S. 563

22 H. Chr. Andersen, Märchen, Erster Band, Frankfurt 1975, S. 156

23 Heinrich Heine, Sämtliche Schriften, Bd. 9, Hg. Klaus Briegleb, München, Wien 1976, S. 533

24 Goethes Werke, Hamburger Ausgabe Bd. 6, Hg. Erich Trunz, München 1977, S. 621

25 Friedrich Schlegel, Schriften zur Literatur, Hg. Wolfdietrich Rasch, München 1972, S. 47, 77 (Athenäum-Fragmente, Minor Nr. 220, 426)

26 ebd., S. 77 (Athenäum-Fragmente, Minor Nr. 426)

27 Novalis, Werke und Briefe, Hg. A. Kelletat, München 1962, S. 493, Nr. 423 (Die Enzyklopädie, III, Medizin, Psychologie)

28 zit. n. Gottfried von Haeseler, Der Erfinder-Unternehmer Th. A. Edison, in: »Aufriss«, S. 71

29 Wolfgang Schivelbusch, Lichtblicke, Zur Geschichte der künstlichen Helligkeit im 19. Jahrhundert, München, Wien 1983, S. 74

30 Emile Zola, Paradies der Damen, München 1976, S. 668

31 Marcel Proust, Auf der Suche nach der verlorenen Zeit, Werkausgabe edition suhrkamp, Frankfurt 1975, Bd. 2, S. 357

32 zit. n. Schivelbusch, Lichtblicke, S. 147

33 zit. n. Schivelbusch, Lichtblicke, S. 58

34 Bachelard, La flamme d'une chandelle, S. 90; zit. n. Schivelbusch, Lichtblicke, S. 170

35 Wilhelm Hausenstein, Licht unter dem Horizont, Tagebücher von 1942 bis 1946, München 1967, S. 273; zit. n. Schivelbusch, Lichtblicke, S. 171

36 Thorstein Veblen, Theorie der feinen Leute (1899), München 1981, S. 120

37 Odilon Redon, Selbstgespräch, München 1971, S. 129

38 Schivelbusch, Lichtblicke, S. 74

39 Villiers de l'Isle Adam, Die Eva der Zukunft, München 1972, S. 265f., 382ff.

40 Alfred Jarry, Le Surmâle/Der Supermann, 1902, Belin 1969, S. 82

41 Maurice Maeterlinck, Im Automobil, in: Der doppelte Garten, Jena 1904, S. 35

42 Junggesellenmaschinen/Les machines célibataires, Ausstellungskatalog Paris 1976, S. 35

43 Jarry, Supermann, S. 83

44 Schivelbusch, Lichtblicke, S. 73ff.

45 Joris-Karl Huysmans, Tief unten (Là-Bas), 1891, Potsdam 1921, S. 102; vgl. S. 39f., 120, 200, 272

46 Anson Rabinbach, The Age of Exhaustion: Energy and Fatigue in the late 19th century, unveröffentlichtes Manuskript, S. 38; zit. n. Schivelbusch, Lichtblicke, S. 74

47 Charles Baudelaire, Les Fleurs du Mal, Nr. XXIII, in: C.B., Oeuvres complètes, 1. Band, Paris 1975 (Bibliothèque de la Pléiade)

48 Dolf Sternberger, Über Jugendstil, Frankfurt 1977, S. 37

49 Eduard von Hartmann, Philosophie des Unbewußten, Versuch einer Weltanschauung, Berlin 1872, S. 63; zit. n. Sternberger, Panorama, S. 31

50 v. Hartmann, S. 152; zit. n. Sternberger, Panorama, S. 206

51 v. Hartmann, S. 63; zit. n. Sternberger, Panorama, S. 31

52 Peter Altenberg, Was der Tag mir zuträgt (1901), Selbstbiographie, in: P. A., Ausgewählte Werke in zwei Bänden, Bd. 1, S. 82

53 Th. Mann in: Das Altenbergbuch, Hg. E. Friedell, Leipzig, Wien 1922, S. 70

54 Theodor Fontane, Der Stechlin, Zürich 1983, S. 27f. (3. Kapitel)

55 Peter Altenberg, Neues Altes (1911), Über Lebensenergien, in: P. A. Ausgewählte Werke, Bd. 1, S. 214ff.

56 Prentice Mulford, Your forces and how to use them, 1887, zit. n. Bloch, Prinzip Hoffnung, S. 795

57 Maurice Maeterlinck, Der Ölzweig, zit. n. Bloch, Prinzip Hoffnung, S. 796

58 Georg Simmel, Fragmente und Aufsätze, Leipzig 1923, S. 174f.

59 Robert Musil, Der Mann ohne Eigenschaften, Reinbek 1978, S. 108

60 ebd., S. 506, 185

61 Novalis, Werke und Briefe, Hg. A. Kelletat, München 1968, S. 457

62 Thomas Mann, Bekenntnisse des Hochstaplers Felix Krull, Der Memoiren erster Teil, Frankfurt 1976, S. 120

63 Ernst Mach, Antimetaphysische Vorbemerkungen, in: E. M., Die Analyse der Empfindungen, (1885), Jena 1902^3, S. 5

64 ebd., S. 2

65 ebd., S. 19

66 Friedrich Nietzsche, Werke, Hg. Karl Schlechta, Bd. 3, München 1969, S. 312

67 Mach, S. 21

68 ebd., S. 21

69 in: Die Wiener Moderne, Hg. G. Wunberg, Stuttgart 1981, S. 204

70 ebd., S. 225f.

71 ebd., S. 257

72 W. Erb, Über die wachsende Nervosität unserer Zeit, 1893; zit. n. S. Freud, Die »kulturelle« Sexualmoral und die moderne Nervosität, in: S. F., Drei Abhandlungen zur Sexualtheorie, Frankfurt 1975, S. 122

73 Karl Marx, Das Kapital, Marx-Engels-Werke Bd. 23, Hg. Institut für Marxismus-Leninismus (1961), S. 100

74 vgl. J. Laplanche/J.-B. Pontalis, Das Vokabular der Psychoanalyse, Frankfurt 1977, Erster Band, S. 324 (Art. Neurasthenie)

75   Guy de Maupassant, Ein Verrückter? (Un Fou?, 1884), in: Phanta-
     stische Geschichten aus Frankreich, Stuttgart 1977, S. 233ff.

76   A. Strindberg, Inferno-Legenden, München 1923, S. 269f.

77   Georg Simmel, Exkurs über die Soziologie der Sinne, in: G. S., So-
     ziologie, Leipzig 1923, S. 486

78   Strindberg, Inferno, S. 97

79   ebd., S. 180, vgl. S. 225

80   Strindberg, Entzweit, S. 66; zit. n. Karl Jaspers, Strindberg und van
     Gogh, München 1977, S. 50

81   Strindberg, Inferno, S. 371

82   Strindberg, Beichte; zit. n. Jaspers, S. 38

83   Strindberg, Inferno, S. 105

84   ebd., S. 115f.; vgl. S. 100f., 181

85   ebd., S. 107, 377

Nachwort

Die Geschichte der industriell genutzten Elektrizität, erst recht die des öffentlich verfügbaren Stroms ist keineswegs bloße Technikgeschichte. An der Lebensqualität, die moderne Zivilisationen ihren Individuen zu bieten haben, hat der Strom seinen scheinbar selbstverständlichen, aber auch kritisch diskutierten Anteil. Alltag und Politik stehen dabei nicht selten in krassem Widerspruch. Während die ökologischen Katastrophen der Zukunft infolge zunehmenden Energieverbrauchs immer unabwendbarer erscheinen, schreitet die Elektrifizierung der Haushalte beharrlich fort – »fröhliche Apokalypse« (Hermann Broch).

Aus der Alltagsgeschichte der vergangenen 100 Jahre ist der Strom nicht wegzudenken. Seine Kulturgeschichte läßt sich durch die Diskurse dieser Zeit hindurch verfolgen. Die Literatur ist als Interdiskurs dafür prädestiniert. Sie spiegelt die Geschichte des gesellschaftlichen und individuellen Umgangs mit der Elektrizität auf stofflich-motivischer wie auf sprachlich-semantischer Ebene wider.

Es ist kein Wunder, daß die bereits vorliegenden kulturhistorischen Annäherungen an den Strom, z.B. von Wolfgang Schivelbusch (»Lichtblicke«, 1983) oder Christoph Asendorf (»Batterien der Lebenskraft«, 1984), das 19. Jahrhundert und die Jahrhundertwende fokussieren, fällt doch die Einrichtung der ersten Stromnetze ebenso in diese Zeit wie etwa der damit verbundene ›Paradigmenwechsel‹ in der Straßen- und Innenbeleuchtung. Faszination und Angst, Euphorie und Pessimismus gleichermaßen prägen die überlieferten Reaktionen der Menschen auf diese technischen Innovationen; und die Vermutung liegt nahe, daß eine Fortschreibung der Kulturgeschichte des Stroms für das 20. Jahrhundert die tradierten Polarisierungen aufrechterhalten dürfte, wenn auch nicht behauptet werden kann, es gebe nichts wesentlich Neues auf diesem Sektor der Technik. Wer die rasante Elektronik- und Medienentwicklung unserer Zeit und die damit verbundenen publizistischen Debatten mitverfolgt, wird darüber belehrt, daß sich hier die Extreme in der Bewertung vom Energieträger hin zur Evolution von Kommunikationstechnologien und neuen Medien auf ein gleichsam sekundäres Feld verlagern.

Ansichten über den Strom selbst erscheinen vor diesem Hintergrund weniger mitteilenswert, sie werden gewissermaßen normalisiert, gehen auf in der Darstellung dessen, was unsere Lebenswirklichkeit ausmacht. Werden indessen die literarischen Stellungnahmen der Elektrizität während des 20. Jahrhunderts in ihrer polarisierenden Wirkung zunehmend entschärft, so werden sie doch keineswegs zum Verschwinden gebracht. Es gibt sie noch, wie die vorliegende Textsammlung zeigt: die der Fiktion einverleibten Historiographien der Elektrifizierung, die vom Strom mitgeprägten Lebensgeschichten, den sprachlichen Ausdruck jener Faszination, die vom Erleben gebändigter Urgewalten ausgehen kann. So gibt z.B. Martin R. Dean in seinem Roman »Der Mann ohne Licht« wichtige Stichworte zur Geschichte des Stroms; Erwin Strittmatter beschreibt in »Kraftstrom« die vielfältigen Auswirkungen der Elektrifizierung eines Dorfes auf die Lebens- und Arbeitssituation eines alten Mannes, den der Strom zwar zunächst aus seinem gewohnten Rhythmus reißt, regelrecht wegzurationalisieren droht, der aber doch über die Unvollkommenheit der Technik triumphiert, als er entdeckt, daß auch elektrische Viehzäune der Wartung durch Menschen bedürfen. Bei Max von der Grün wird die Arbeit eines Schaltwärters zum Paradigma der Entfremdung, von der die moderne Arbeitswelt geprägt ist. Die Lebensgeschichte eines Edison von Henry Ford darf in diesem Kontext ebensowenig fehlen wie der bekannte Unfall des Edgar Wibeau in Plenzdorfs »Neuen Leiden des jungen W.«. Vom Staunen angesichts gewaltiger Energiemengen berichtet schließlich exemplarisch »Das Stauwehr« von Hans Carossa.

Es sind jedoch häufig nicht die großen Umwälzungen, sondern vielmehr die Banalitäten eines Lebens mit Elektrizität, derer sich gerade kürzere literarische Texte annehmen: Die Straßenbahn, die man selbstverständlich benutzt (Engelke) und deren Geräusche die großstädtische Atmosphäre ausmachen, was dem aufmerksamen Beobachter besonders dann auffällt, wenn die Stomversorgung einer Stadt zusammenbricht (Roth), der Aufzug, in dem man beim Stromausfall stecken bleibt, was den Ablauf der Realität, auf groteske Weise um Stunden aufzuhalten scheint (Frisch), die Leuchtdiode, die den Stand-by-Zustand von Elektrogeräten wie die ewige Präsenz medial vermittelter Wirklichkeiten anzeigt (Winkels), aber auch die vielen Gefahren, die von einem unsachgemäßen Umgang mit dem Strom ausgehen können (-ky). Bei Rose Ausländer wird zuguterletzt auch das metaphorische elektrische Lächeln »aufgedreht« und »ausgeschaltet«.

Die vorliegende Anthologie kann eine fehlende Kulturgeschichte der Elektrizität dieses Jahrhunderts nicht ersetzen. Dennoch setzt sie sich zum Ziel, einen Querschnitt sichtbar werden zu lassen, der über die Literatur auch die Technikgeschichte in Ausschnitten abbildet. Ein erster Schritt in Richtung einer Diskursanalyse wäre auf der Basis dieses Materials möglich. Repräsentativ jedoch kann eine solche Sammlung aus zweierlei Gründen nicht sein: Zum einen beschränkt sie sich, weil sie als Lesebuch vor allem gefällige Lektüre sein will, auf Belletristik. Eine wirkliche Materialsammlung entsteht dadurch freilich nicht. So müßten, wollte man unsere Texte etwa zu Unterrichtszwecken benutzen, weitere Quellen zusammengetragen werden, z.B. aus dem Bereich der Medienberichterstattung oder der Werbung. Zum anderen will unsere Anthologie ihre Thematik nicht zuletzt auf unterhaltsame Weise präsentieren. Für die Textauswahl sind eher subjektive Vorlieben der Herausgeber verantwortlich zu machen als der Wunsch nach Vollständigkeit oder hehre ästhetische Ideale.

Die jeweilige Textgestalt der verwendeten Quellen wurde typographisch vereinheitlicht, ihre Schreibung jedoch (soweit keine Druckfehler zu vermuten waren) in der vorgefundenen Form belassen, ältere Quellen wurden nicht normalisiert. In der Textzusammenstellung folgt die Anthologie im Prinzip der Entstehungschronologie. Von einer strikten zeitlichen Reihung wurde jedoch zugunsten thematischer und formaler Variation hin und wieder abgewichen. Dadurch wird u.E. eine abwechslungsreichere Lektüre ermöglicht. Besondere Hervorhebung verdient an dieser Stelle die Internetgeschichte »Die Büchersau«, die zum Welttag des Buches 1999 im Rahmen des Veranstaltungsprogramms der Universität Dortmund und des Kulturamts Hagen entstand. Ausgehend von einem vorgegebenen Anfang wurde hier ein Text geschaffen, der die typischen Merkmale kollaborativer Autorenschaft ohne vorgegebene Storyline aufweist. Stilistische Vielfalt, abwechslungsreicher Erzählduktus und überraschende Wendungen der Handlung machen ihn zu einem außergewöhnlichen Leseerlebnis. Abgerundet wird die hier vorliegende Reihe fiktionaler Texte durch einen wissenschaftlich ausgerichteten Essay Christoph Asendorfs, der für den interessierten Leser eine Fülle von Kontextualisierungen bereithält.

Der Schwerpunkt der Sammlung liegt auf der deutschsprachigen Literatur; die wenigen Texte, die aus dem angelsächsischen und romanischen Sprachraum hinzugezogen wurden, dienen eher der exemplarischen Veranschaulichung eines von den Herausgebern weitgehend ungesichteten Potentials. Dieser Fokus ist der Tatsache geschuldet, daß »Elektropolis« aus einem germanistischen Seminar hervorgegangen ist. Das vorliegende Buch – auch darauf soll an dieser Stelle aufmerksam gemacht werden – ist nicht einfach Ergebnis einer berufsmäßigen Beschäftigung mit Literatur. Vielmehr will es auch als zu einem beträchtlichen Teil studentisch verantwortetes Produkt einer Lehrveranstaltung wahrgenommen werden. Es entstand während eines Projektseminars am Institut für deutsche Sprache und Literatur der Universität Dortmund im WS 1998/99 und im SS 1999, das im Rahmen eines ministeriell geförderten Vorhabens zur Verbesserung der Lehre stattfand. Wer mehr über dieses sogenannte Leuchtturmprojekt mit dem Titel »Lese(r)förderung an der Hochschule« wissen will, der sei auf die im vergangenen Jahr erschienene Projektdokumentation mit dem selben Titel (Athena Verlag, Oberhausen) verwiesen. Bestandteil der Arbeit dieses Leuchtturmprojekts ist es u.a. auch, ein Projektstudium der Literaturwissenschaft zu etablieren. Studierende erfahren hier den Umgang mit Texten als ein produktorientiertes Vorgehen, das die Lektüre von Literatur mit der Publikation der Seminarergebnisse, also auch weitgehend mit dem Herstellungsprozeß eines Buches bis hin zur fertigen Aufsichtsvorlage verbindet. Mit »Elektropolis« liegt nun die vierte Textsammlung dieser Art vor. Weitere ähnliche Projekte befinden sich in Vorbereitung, und es steht zu hoffen, daß solche Vorstöße Schule machen.

Damit dies gelingt, ist es freilich unabdingbar, Sponsoren zu finden, die für eine Zusammenarbeit im Dienste einer innovativen Form der Hochschullehre aufgeschlossen sind. Besonders dankbar sind wir deshalb der VEW ENERGIE AG, die den Druck dieses Buches in der vorliegenden ansprechenden Form ermöglicht und damit (nach der Anthologie »Nur geträumt«, 1997) bereits zum zweiten Mal ein solches Projekt gefördert hat.

Dank schulden wir auch den im Quellenverzeichnis genannten Verlagen und Autoren, die uns freundlicherweise die Rechte an den benutzten Texten und Textauszügen für diese Ausgabe überlassen haben. Nicht immer aber waren unsere Versuche, die Inhaber der Urheberrechte zu ermitteln oder mit ihnen in Kontakt zu treten, erfolgreich. Im Zweifelsfall bitten wir um Rückmeldung über den Athena Verlag.

Dortmund, im August 1999   Thomas Eicher

Quellen

Anonym: Elli, das Kunstwerk oder Die Rücksicht [1903]. In: Das Panoptikum der Technik oder auch Ein technisch Lied – Ein komisch Lied. Bänkel- und Bierhallengesänge über die Erfindungen auf den verschiedensten Gebieten und ihre teils sensationellen, teils katastrophalen Folgen. Gesammelt und kommentiert von Fritz Nötzoldt. Heidelberg/Berlin: Impuls Verlag Heinz Moos 1961, S. 81f.

Anonym: Ein fiktives Gespräch. In: L'Electricité. Revue scientifique illustée, 1.1.1887, zit. Nach Wolfgang Schivelbusch: Lichtblicke. Zur Geschichte der künstlichen Helligkeit im 19. Jahrhundert. München/Wien: Carl Hanser Verlag 1983, S. 78-80

Asendorf, Christoph: Nerven und Elektrizität. In: ders.: Batterien der Lebenskraft. Zur Geschichte der Dinge und ihrer Wahrnehmung im 19. Jahrhundert. Giessen: Anabas-Verlag 1984, S. 110-126

Ausländer, Rose: Elektrisches Lächeln [1965]. In: dies.: Die Sichel mäht die Zeit zu Heu. Gedichte 1957-1965. Frankfurt a.M.: © S. Fischer Verlag 1985, S. 237

Ausländer, Rose: Lethe [1966]. In: dies.: Hügel aus Äther unwiderruflich. Gedichte und Prosa 1966-1975. Frankfurt a.M.: © S. Fischer Verlag 1984, S. 17

Ausländer, Rose: New Yorker Weihnachten [1967]. In: dies.: Hügel aus Äther unwiderruflich. Gedichte und Prosa 1966-1975. Frankfurt a.M.: © S. Fischer Verlag 1984, S. 47

Beauf-Tragta, Lea, Thomas Eicher, Roswitha Gerds, Christian Hebgen, Alexandra Kaiser, Christian Kirsch, Ralf Krenkel, Tobias Moersen, Silke Richter, Sandra Spilker, Dirk Steinkamp: Die Büchersau. Internetgeschichte zum Welttag des Buches 1999, entstanden zwischen dem 19. und dem 30. April (http://www.ub.uni-dortmund.de)

Becher, Johannes R.: Ballade vom elektrischen Stuhl [1927] In: Rotes Metall. Deutsche sozialistische Dichtung 1917-1933. Berlin: Aufbau-Verlag 1960, S. 170-172

Bose, Georg Matthias: o.T. [1744]. In: Frauenberger, Fritz: Elektrizität im Barock. Mit vielen zeitgenössischen Illustrationen. München: Aulis Verlag 1964, S. 7

Carossa, Hans: Das Stauwehr. In: Der Ingenieur der hat's heut schwer. Technik-Geschichten aus 15 Ländern. Hrsg. von Karl Andreas Edlinger. Wien: Paul Neff Verlag 1986, S. 53-60; S. 54f., 56f., 59f.

Dean, Martin R.: Der Mann ohne Licht [1988]. München: Deutscher Taschenbuch Verlag 1996, S. 94-99

Engelke, Gerrit: Auf der Straßenbahn. In: ders.: Das Gesamtwerk. Rhythmus des neuen Europa. Hrsg. von Hermann Blome. München: Paul List Verlag 1960, S. 48

Fels, Ludwig: Schnell noch ein Gedicht [1973]. In: Klaus Schumann: Lyrik des 20. Jahrhunderts. Materialien zu einer Poetik. Reinbek bei Hamburg: Rowohlt Taschenbuch Verlag 1995, S. 345

Finck, Werner: Chicago war eine Messe wert [1972]. In: ders.: Alter Narr – was nun? München/Berlin: F. A. Herbig Verlagsbuchhandlung 1972, S. 295-305; S. 295f., 301-303

Ford, Henry: Mein Freund Edison. Deutsch von Paul Fohr. Leipzig/München: Paul List Verlag 1947, S. 29-30, 39-42

Frisch, Max: Vorkommnis [1971]. In: ders.: Tagebuch 1966-1971. Frankfurt a.M.: Suhrkamp 1972, S. 366f.

Gernhardt, Robert: Eine Nacht im Schlaflabor. In: ders.: Lichte Gedichte. Zürich: © Haffmans Verlag 1997, S. 221

Gernhardt, Robert: Was ist Elektrizität? [1981]. In: ders.: Gedichte 1954-94. Zürich: © Haffmans Verlag 1996, S. 129

Grass, Günter: Abschied [1958]. In: ders.: Gedichte und Kurzprosa. Werkausgabe, Bd. 1. Göttingen: © Steidl Verlag 1997, S. 438

Grass, Günter: Kurzschluß [1960]. In: ders.: Gedichte und Kurzprosa. Werkausgabe, Bd. 1. Göttingen: © Steidl Verlag 1997, S. 109

Grün, Max von der: Schaltwärter [1973]. In: ders.: Menschen in Deutschland (BRD). Sieben Portraits. 2. Aufl. Darmstadt/Neuwied: Hermann Luchterhand Verlag 1973, S. 64-71

Hanstein, Otfrid von: Elektropolis. Die Stadt der technischen Wunder. Stuttgart: Herold Verlag 1931, S. 41f., 46-52, 77f., 118f., 125-129, 152f., 190, 206-208

Kesten, Hermann: Die Lichtreklame. In: ders.: Ich bin der ich bin. Verse eines Zeitgenossen. München: R. Piper & Co. Verlag 1974, S. 11

Kirsch, Sarah: Der Milan In: ders.: Katzenkopfpflaster, Gedichte. 3. Aufl. München: Deutscher Taschenbuch Verlag 1981, S. 106

Koeppel, Matthias: Electroßzitait. In: ders.: Starckdeutsch: Eine Auswahl der stärksten Gedichte. Berlin: Verlag Klaus Wagenbach 1975/1983, S. 85

Kraus, Karl: Die elektrische Bahn Wien-Preßburg ist eröffnet worden [1914]. In: ders: Die Katastrophe der Phrasen. Frankfurt a. M.: Suhrkamp Verlag 1994, S. 167

Küpper, Hannes: He, He! The Iron Man! In: Literarische Welt vom 4.2.1927, S. 39

-ky: Ein Deal zuviel. Reinbek bei Hamburg: © Rowohlt Verlag 1992, S. 93f., 140f.

Malerba, Luigi: Der elektrische Wind. In: ders.: Wahrhaftige Gespenster. Geschichten aus den eingebildeten Wissenschaften. Aus dem Italienischen von Sigrid Vagt. Berlin: Verlag Klaus Wagenbach 1990, S. 7-12

Moersen, Tobias: Augenblick. [Originalbeitrag] 1999

Murray, Les: Die Starkstromleitungs-Inkarnation [1977]. In: ders.: Ein ganz gewöhnlicher Regenbogen. Gedichte. Aus dem Englischen von Margitt Lehbert. München/Wien: © Carl Hanser Verlag 1996, S. 32f.

Plenzdorf, Ulrich: Die Leiden des jungen W. Frankfurt a. M.: Suhrkamp Verlag 1976, S. 7f., 16f., 142-148

Roth, Joseph: Der Elekrizitätsstreik. Sonntagsgang durch die stumme Stadt. Berlin in Dunkelheit [1920]. In: Joseph Roth: Werke I. Das journalistische Werk. 1915-1923. Hrsg. von Klaus Westermann. Mit einem Vorwort zur Werkausgabe von Fritz Hackert und Klaus Westermann. Köln: Kiepenheuer & Witsch 1989, S. 393f.

Sandt, Emil: Das Lichtmeer. Berlin-Charlottenburg: Vita, Deutsches Verlagshaus 1912, S. 37f., 186f., 377-379, 406-408, 409-411, 417-419

Schirmbeck, Heinrich: Die Pirouette des Elektrons. In: ders.: Die Pirouette des Elektrons. Meistererzählungen. Mit einem Nachwort von Robert Jungk. Düsseldorf: claassen Verlag 1980, S. 385-397

Strittmatter, Erwin: Kraftstrom. In: ders.: Ein Dienstag im September. Berlin/Weimar: Aufbau Verlag 1969, S. 111-132

Thenior, Ralf: Physik. In: ders.: Traurige Hurras. Gedichte und Kurzprosa. Mit einem Nachwort von Helmut Heißenbüttel. Herausgegeben von Uwe Friesel, Gerd Fuchs, Heinar Kipphardt, Uwe Timm. München: C. Bertelsmann Verlag 1977, S. 76

Tucholsky, Kurt: Die Beleuchter. In: ders.: Gesammelte Werke. 1929. Hrsg. von Mary Gerold-Tucholsky und Fritz J. Raddatz. Band 7. Reinbek bei Hamburg: Rowohlt Taschenbuch Verlag 1995, S. 300f.

Walser, Robert: Hier wird geplaudert [1930]. In: ders.: Das Gesamtwerk. Hrsg. von Jochen Greven. Bd. X. Der Europäer. Prosa aus der Berner Zeit (III) 1928-1933, Genf/Hamburg: Verlag Helmut Kossodo 1968, S. 5-7

Winkels, Hubert: Das ewige Licht. In: ders.: Leselust und Bildermacht. Literatur, Fernsehen und Neue Medien. Köln: Kiepenheuer & Witsch 1997, S. 282

Zimmer, Dieter E.: !Hypertext! – Eine Kurzgeschichte. In: ders.: Die Elektrifizierung der Sprache. Über Sprechen, Schreiben, Computer, Gehirne und Geist. Zürich: © Haffmanns Verlag 1991, S. 241-253